高等职业教育教学用书（模具、数控等工科类专业）

CAXA 制造工程师 2013 实训教程

主 编 刘晓芬
副主编 吕 海 高 威
主 审 黄诚驹

电子工业出版社
Publishing House of Electronics Industry
北京·BEIJING

内 容 简 介

本书采用国产 CAXA 系列 CAD/CAM 软件——"CAXA 制造工程师 2013"作为技术平台，以实用为原则，以应用为目标，以实际动手操作作为重点，以项目（主要以机械工程零件）实训为教材主线，向读者介绍了"CAXA 制造工程师 2013"软件的造型及加工功能，通过项目实训范例、讲解命令，将重要的知识点嵌入到具体实训中。实训范例从简单到复杂，由易到难，适于教学及自学使用。

全书共分为 3 个项目，项目 1 为基于 CAXA 制造工程师 2013 构建技术的基础技能实训；项目 2 为造型项目实训范例；项目 3 为加工项目实训范例。

本书供高职学校模具、数控等工科类专业使用，也可作为中等职业技术学校的培训教材，还可作为具有一定制图基础和机加工知识的工程技术人员、数控加工人员的参考书。

未经许可，不得以任何方式复制或抄袭本书之部分或全部内容。
版权所有，侵权必究。

图书在版编目(CIP)数据

CAXA 制造工程师 2013 实训教程/刘晓芬主编. —北京：电子工业出版社，2013.11
高等职业教育教学用书. 模具、数控等工科类专业

ISBN 978-7-121-20896-6

Ⅰ.①C… Ⅱ.①刘… Ⅲ.①数控机床－计算机辅助设计－应用软件－高等职业教育－教材 Ⅳ.①TG659
中国版本图书馆 CIP 数据核字（2013）第 145993 号

策划编辑：施玉新
责任编辑：郝黎明   文字编辑：陈晓莉
印　　刷：北京虎彩文化传播有限公司
装　　订：北京虎彩文化传播有限公司
出版发行：电子工业出版社
　　　　　北京市海淀区万寿路 173 信箱　邮编　100036
开　　本：787×1 092   1/16   印张：12   字数：304 千字
版　　次：2013 年 11 月第 1 版
印　　次：2020 年 8 月第 8 次印刷
定　　价：27.00 元

凡所购买电子工业出版社图书有缺损问题，请向购买书店调换。若书店售缺，请与本社发行部联系，联系及邮购电话：（010）88254888，88258888。

质量投诉请发邮件至 zlts@phei.com.cn，盗版侵权举报请发邮件至 dbqq@phei.com.cn。
本书咨询联系方式：（010）88254598，syx@phei.com.cn。

前言

随着我国由制造大国向制造强国的转变,我国企业的数控设备年年快速增长,零件加工精度和质量要求越来越高,这一切都离不开先进的数控技术。而目前我国数控、模具技能人才紧缺,因此全国各大学、职业技术学院、中专学校、技工学校,以及企业和社会培训机构都重视对数控、模具的培训。

CAXA 是我国制造业信息化 CAD/CAM 领域自主知识产权软件的优秀代表和知名品牌。CAXA 系列 CAD/CAM 软件被越来越多的我国企业所采用,是国内数控大赛经常采用的 CAD/CAM 软件平台,有广泛的应用前景。

本教材采用 CAXA 系列 CAD/CAM 软件——"CAXA 制造工程师 2013"作为技术平台,以实用为原则,以应用为目标,以实际动手操作为重点培养既掌握造型技能又懂数控加工工艺,能应用 CAM 软件自动编程的技能人才。

本教材是针对中、高职学校模具、数控等工科类专业编写 CAD/CAM 软件应用方面的教材,它是模具、数控等专业必修的一门主干专业课。本教材采用"项目式"的编写方法,让学生"从做中学",培养学生独立应用本软件进行造型、加工设置、自动编程的能力和独立解决实际问题的能力。

本教材内容及学时分配可参考如下课时分配表:

项目	内容	课时分配		小计
		授课	实训	
项目1	基于"CAXA 制造工程师 2013"构建技术的基础技能实训	2	2	4
项目2	造型项目实训范例	(17)	(25)	(42)
第1~3单元	肥皂盒、弹簧、凸轮造型	2	4	6
第4~5单元	启子、螺母造型	2	4	6
第6~7单元	轴承座、连杆造型	2	4	6
第8~13单元	杯盖、咖啡杯、阀体、药瓶、夹具体、支座1造型(选讲)	3	3	6
第14~15单元	风扇、支座2线架造型	3	3	6
第16~23单元	鼠标、物料盆、罩壳、变向联接器、磨擦圆盘压铸模腔、玩具组件曲面造型、旋钮曲面造型、(可乐瓶底曲面造型选讲)	3	3	6
第24~25单元	斧头、吊耳造型	2	4	6
项目3	加工项目实训范例	(6)	(6)	(12)
第1~5单元	CAM 编程步骤、凸台、U 形模型、磨擦楔块锻模、飞机模型	3	3	6
第6~9单元	倒圆角、吊钩、叶轮的加工、后置设置与 G 代码生成	3	3	6
机 动				2
总 计		25	33	60

本书由武汉市第二轻工业学校高级讲师刘晓芬任主编并统稿，武汉市第二轻工业学校高级讲师吕海、北京数码大方科技有限公司 CAXA 华中大区的工程师高威任副主编。参加编写的人员有：武汉市第二轻工业学校高级讲师刘晓芬、吕海、秦静，北京数码大方科技有限公司 CAXA 华中大区的工程师高威、黄鹏，贵州航天职业技术学院讲师黄渊莉，武汉职业技术学院教师刘凯，武汉职业技术学院教授黄诚驹担任本书主审。

本书在编写上突出项目式实训的特点，力求将职业岗位上的工作要求融合到专项技能的训练中。坚持以就业为导向、以能力培养为本位的原则，突出教材的实用性、适用性和先进性。本书从培养技能型紧缺人才的目的出发，采用项目式教学方法，深入浅出、循序渐进地引导读者学习和掌握本软件的应用，每项目后面均附有习题，可供读者自我测试之用。

由于作者水平有限加上成书仓促，书中纰漏和不妥在所难免，敬请读者指正和谅解。

编　者
2013 年 5 月

本书约定

为了便于初学者按实训项目的步骤进行范例操作，出现在本教材中有关操作描述的约定如下：

1. 所有屏幕项，如菜单名、命令名，对话框名、标签名、按钮名等均用" "引起来以示区分。

2. 文中"单击"是指按下鼠标左键，"双击"是指连按两下鼠标左键，"右击"是指按一下鼠标右键，"输入"是指用键盘输入数字、字母或符号等。

3. 常用激活命令的方法有两种，即菜单方式和图标方式，它们在文中的描述如下。

例如：激活"直线"命令。

（1）用菜单方式：单击"造型"→"曲线生成"→"直线"。

（2）用图标方式：单击"曲线生成栏"中"直线"图标 ╱ 。

4. 实例中各操作步骤用命令项加简要提示描述。例如："单击'编辑'→'隐藏'→框选螺旋曲线→右击，"共描述了 4 项操作步骤，各操作步骤均按操作的先后次序用"→"顺连，并用"/"表示同级的菜单命令项或参数项的顺连操作。

5. 回车，即为按 Enter 键。

 注意

操作过程中一定要常常注意"立即菜单"中的设置，以及"状态栏中"的提示。

目 录

项目 1 基于"CAXA 制造工程师 2013"构建技术的基础技能实训 ·· 1
    第 1 单元 概述 ·· 1
        1.1.1 项目实训说明 ·· 1
        1.1.2 具体内容介绍 ·· 1
    第 2 单元 CAXA 制造工程师 2013 基本操作 ·· 2
        1.2.1 项目实训说明 ·· 2
        1.2.2 具体内容介绍 ·· 2
    第 3 单元 典型零件的造型、加工编程 ·· 5
        1.3.1 项目实训说明 ·· 5
        1.3.2 操作流程图 ·· 5
        1.3.3 操作步骤 ·· 6
    练习题 ·· 16

项目 2 造型项目实训范例 ·· 17
    第 1 单元 肥皂盒造型 ·· 17
        2.1.1 项目实训说明 ·· 17
        2.1.2 操作流程图 ·· 17
        2.1.3 操作步骤 ·· 18
    第 2 单元 弹簧的造型 ·· 20
        2.2.1 项目实训说明 ·· 20
        2.2.2 操作流程图 ·· 21
        2.2.3 操作步骤 ·· 21
    第 3 单元 凸轮的造型 ·· 23
        2.3.1 项目实训说明 ·· 23
        2.3.2 操作流程图 ·· 23
        2.3.3 操作步骤 ·· 23
    第 4 单元 起子的造型 ·· 26
        2.4.1 项目实训说明 ·· 26
        2.4.2 操作流程图 ·· 27
        2.4.3 操作步骤 ·· 27
    第 5 单元 螺母的造型 ·· 31
        2.5.1 项目实训说明 ·· 31
        2.5.2 操作流程图 ·· 32
        2.5.3 操作步骤 ·· 32
    第 6 单元 轴承座造型 ·· 34
        2.6.1 项目实训说明 ·· 34
        2.6.2 操作流程图 ·· 35
        2.6.3 操作步骤 ·· 35

第 7 单元　连杆的造型 ·· 37
    2.7.1　项目实训说明 ·· 38
    2.7.2　操作流程图 ·· 38
    2.7.3　操作步骤 ··· 38
第 8 单元　杯盖的造型 ·· 44
    2.8.1　项目实训说明 ·· 44
    2.8.2　操作流程图 ·· 45
    2.8.3　操作步骤 ··· 46
第 9 单元　咖啡杯造型 ·· 50
    2.9.1　项目实训说明 ·· 50
    2.9.2　操作流程图 ·· 51
    2.9.3　操作步骤 ··· 51
第 10 单元　阀体的造型 ·· 55
    2.10.1　项目实训说明 ·· 55
    2.10.2　操作流程图 ··· 56
    2.10.3　操作步骤 ··· 56
第 11 单元　药瓶的造型 ·· 58
    2.11.1　项目实训说明 ·· 58
    2.11.2　操作流程图 ··· 58
    2.11.3　操作步骤 ··· 59
第 12 单元　夹具体的造型 ·· 63
    2.12.1　项目实训说明 ·· 63
    2.12.2　操作流程图 ··· 64
    2.12.3　操作步骤 ··· 64
第 13 单元　支座 1 的造型 ··· 66
    2.13.1　项目实训说明 ·· 66
    2.13.2　操作流程图 ··· 66
    2.13.3　操作步骤 ··· 67
第 14 单元　风扇的线架造型 ·· 70
    2.14.1　项目实训说明 ·· 70
    2.14.2　操作流程图 ··· 70
    2.14.3　操作步骤 ··· 70
第 15 单元　支座 2 线架造型 ·· 73
    2.15.1　项目实训说明 ·· 73
    2.15.2　操作流程图 ··· 73
    2.15.3　操作步骤 ··· 74
第 16 单元　鼠标曲面、实体造型 ·· 80
    2.16.1　项目实训说明 ·· 80
    2.16.2　操作流程图 ··· 81
    2.16.3　操作步骤 ··· 81
第 17 单元　物料盆的曲面造型 ·· 86
    2.17.1　项目实训说明 ·· 86

2.17.2 操作流程图 ········ 86
2.17.3 操作步骤 ········ 86
第18单元 罩壳曲面造型 ········ 89
2.18.1 项目实训说明 ········ 89
2.18.2 操作流程图 ········ 90
2.18.3 操作步骤 ········ 90
第19单元 变向联接器曲面造型 ········ 94
2.19.1 项目实训说明 ········ 94
2.19.2 操作流程图 ········ 95
2.19.3 操作步骤 ········ 95
第20单元 摩擦圆盘压铸模腔的曲面造型 ········ 98
2.20.1 项目实训说明 ········ 98
2.20.2 操作流程图 ········ 99
2.20.3 操作步骤 ········ 99
第21单元 玩具组件曲面造型 ········ 104
2.21.1 项目实训说明 ········ 104
2.21.2 操作流程图 ········ 104
2.21.3 操作步骤 ········ 105
第22单元 旋钮曲面造型 ········ 111
2.22.1 项目实训说明 ········ 111
2.22.2 操作流程图 ········ 111
2.22.3 操作步骤 ········ 112
第23单元 可乐瓶底曲面造型 ········ 116
2.23.1 项目实训说明 ········ 116
2.23.2 操作流程图 ········ 117
2.23.3 操作步骤 ········ 117
第24单元 斧头的造型 ········ 121
2.24.1 项目实训说明 ········ 121
2.24.2 操作流程图 ········ 121
2.24.3 绘图步骤 ········ 122
第25单元 吊耳的造型 ········ 124
2.25.1 项目实训说明 ········ 124
2.25.2 绘制流程图 ········ 125
2.25.3 绘图步骤 ········ 126
练习题 ········ 137
项目3 加工项目实训范例 ········ 144
第1单元 CAM编程步骤 ········ 144
3.1.1 实例说明 ········ 144
3.1.2 要点提示 ········ 145
3.1.3 操作步骤 ········ 145
第2单元 凸台的加工 ········ 146
3.2.1 实例说明 ········ 146

  3.2.3 操作步骤 ·· 147
第 3 单元　U 形模型的加工 ·· 150
  3.3.1 实例说明 ·· 150
  3.3.2 要点提示 ·· 151
  3.3.3 操作步骤 ·· 151
第 4 单元　摩擦楔块锻模的加工 ·· 156
  3.4.1 实例说明 ·· 156
  3.4.2 要点提示 ·· 157
  3.4.3 操作步骤 ·· 157
第 5 单元　飞机模型的加工 ·· 162
  3.5.1 实例说明 ·· 162
  3.5.2 要点提示 ·· 162
  3.5.3 操作步骤 ·· 162
第 6 单元　倒圆角的加工 ·· 166
  3.6.1 实例说明 ·· 166
  3.6.2 要点提示 ·· 167
  3.6.3 操作步骤 ·· 167
第 7 单元　吊钩的加工 ·· 171
  3.7.1 实例说明 ·· 171
  3.7.2 要点提示 ·· 172
  3.7.3 操作步骤 ·· 172
第 8 单元　叶轮的加工——多轴加工 ·· 175
  3.8.1 实例说明 ·· 175
  3.8.2 要点提示 ·· 175
  3.8.3 操作步骤 ·· 176
第 9 单元　后置设置与 G 代码生成 ·· 178
  3.9.1 机床后置设置与 G 代码生成 ·· 178
  3.9.2 生成加工工艺单 ·· 179
参考文献 ·· 182

项目1 基于"CAXA制造工程师2013"构建技术的基础技能实训

项目目的：使学员了解CAD/CAM系统，掌握CAXA制造工程师2013中的相关概念、用户界面，基本命令、快捷键。通过一个实体零件的造型、加工的学习，使学员对CAXA制造工程师2013的功能有个整体的了解，为学员完成项目2、项目3的技能实训奠定必要的基础。

项目内容：本项目简述CAD/CAM系统及适用行业，以CAXA制造工程师2013版为构建工作平台，介绍了其用户界面，基本命令和快捷键等，并通过一个完整实例介绍了软件的造型、加工功能。本项目设有三个教学单元，推荐课时为4课时。

第1单元 概　　述

1.1.1 项目实训说明

本单元简述了CAD/CAM系统、其他主流的CAD/CAM软件、适用行业、CAXA制造工程师2013运行环境，使学员们对本教材介绍的软件有一个大致的了解。

1.1.2 具体内容介绍

1. CAD/CAM系统

20世纪90年代以前，市场销售的CAD/CAM软件基本上为国外的软件系统。自90年代以后国内在CAD/CAM技术研究和软件开发方面进行了卓有成效的工作，尤其是在以PC为动性平台的软件系统。其功能可与国外同类软件相媲美，并在操作性、本地化服务方面具有优势。

一个好的数控编程系统，已经不是一种仅是可以绘图，做轨迹，出加工代码，他还是一种先进的加工工艺的综合，先进加工经验的记录，继承和发展。

北航海尔软件公司经过多年来的不懈努力，推出了CAXA制造工程师数控编程系统。这套系统集CAD、CAM于一体，功能强大、易学易用、工艺性好、代码质量高，现在已经在全国上千家企业使用，并受到好评。使用者利用该软件可方便地生成数控加工程序，再通过计算机传输给数控铣床或数控加工中心，即可进行自动加工。不但降低了投入成本，而且提高了经济效益。CAXA制造工程师数编程系统，现正在一个更高的起点上腾飞。

2. 其他主流的CAD/CAM软件

Solidworks公司的Solidworks、IBM/CSC公司的Helix、Autodesk公司的MDT、CNC公司的MasterCAM、CIMATRON公司的CIMATRON、PTC公司的Pro/E、UG公司的UG等均体现了这一发展趋势。

3. 适用行业

CAXA制造工程师（2013）软件已广泛应用于塑模、锻模、汽车覆盖件拉伸模、压铸模等复杂模具的生产，电子、兵器、航空航天等行业的精密零件加工。

4. "CAXA 制造工程师 2013"运行环境

（1）硬件

最低要求：微型计算机（PC）

    CPU 英特尔"奔腾"4 处理器 2.4GHz

    内存512MB

    显卡32MB 显存的独立显示卡

    硬盘10GB

推荐配置：英特尔"至强"4 处理器 2.6GHz 以上

    内存1GB 以上

    显卡64MB 以上显存的独立显示卡

    硬盘20GB 以上

（2）软件

运行于 Microsoft Windows 2000 和 Windows XP 系统平台之上，不支持 Windows 98 操作系统。

第 2 单元　CAXA 制造工程师 2013 基本操作

1.2.1　项目实训说明

本单元介绍了 CAXA 制造工程师 2013 用户界面，基本命令，快捷键等，使学员们对"CAXA 制造工程师 2013"软件的基本操作有所了解，为以后的学习奠定基础。

1.2.2　具体内容介绍

1. CAXA 制造工程师 2013 用户界面

CAXA 制造工程师 2013 软件用户界面如图 1-2-1 所示。

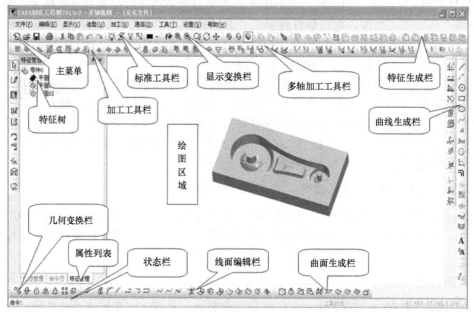

图 1-2-1　CAXA 制造工程师 2013 用户界面

(1) 标题栏

标题栏位于工作界面的最上方，用来显示 CAXA 制造工程师的程序图标以及当前正在运行文件的名字等信息。

(2) 主菜单

主菜单由"文件"、"编辑"、"显示"、"造型"、"加工"、"工具"、"设置"、"帮助"等菜单项组成，这些菜单项几乎包括了 CAXA 制造工程师的全部功能和命令，如图 1-2-2 所示。

文件(F)　编辑(E)　显示(V)　造型(U)　加工(N)　通信(D)　工具(T)　设置(S)　帮助(H)

图 1-2-2　主菜单

(3) 绘图区

绘图区位于屏幕的中心，是用户进行绘图设计的工作区域。

(4) 特征树

特征树位于工作界面的左侧，以树形格式直观地再现了基准平面和实体特征的建立顺序，并让用户对这些特征执行各种编辑操作，如图 1-2-3 所示。

图 1-2-3　特征树

(5) 工具栏

工具栏是 CAXA 制造工程师提供的一种调用命令的方式，它包含多个由图标表示的命令按钮，单击这些图标按钮，就可以调用相应的命令，如图 1-2-4 所示。

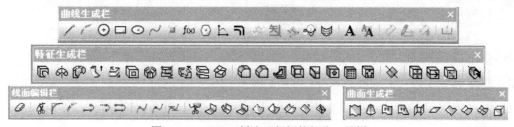

图 1-2-4　CAXA 制造工程师的部分工具栏

(6) 状态栏

状态栏位于绘图窗口的底部，用来反映当前的绘图状态。状态栏左端是命令提示栏，提示用户当前动作；状态栏中部为操作指导栏和工具状态栏，用来指出用户的不当操作和当前的工具状态；状态栏右端是当前光标的坐标位置，如图 1-2-5 所示。

图 1-2-5　状态栏

(7) 立即菜单与快捷菜单

CAXA 制造工程师在执行某些命令时，会在特征树下方弹出一个选项窗口，称为立即菜单。立即菜单描述了该项命令的各种情况和使用条件。用户根据当前的作图要求，正确地选择某一选项，即可得到准确的响应，如图 1-2-6 所示为执行"直线"命令时所出现的立即菜单。

用户在操作过程中，在界面的不同位置单击鼠标右键，即可弹出不同的快捷菜单。利用快捷菜单中的命令，用户可以快速、高效地完成绘图操作，如图 1-2-7 所示为在选择曲线时所出现的快捷菜单。

图 1-2-6　立即菜单　　　　图 1-2-7　快捷菜单

（8）工具菜单

工具菜单是将操作过程中频繁使用的命令选项分类组合在一起而形成的菜单。当操作中需要某一特征量时，只要按下空格键，即在屏幕上弹出工具菜单。工具菜单包括点工具菜单、矢量工具菜单和选择集拾取工具菜单 3 种。

① 点工具菜单：用来选择具有几何特征的点的工具，如图 1-2-8 所示。
② 矢量工具菜单：用来选择方向的工具，如图 1-2-9 所示。
③ 选择集拾取工具菜单：用来拾取所需元素的工具，如图 1-2-10 所示。

图 1-2-8　点工具菜单　　　图 1-2-9　矢量工具菜单　　　图 1-2-10　选择集拾取工具菜单

2．基本命令

基本命令主要是指文件命令、编辑命令、显示命令、工具命令和设置命令。

3．快捷键

F2：草图器，用于绘制草图状态与非绘制草图状态的切换。

F3：显示全部。

F4：刷新。

F5：将当前平面切换至 XOY 面，同时将图形投影到 XOY 面内进行显示。

F6：将当前平面切换至 YOZ 面，同时将图形投影到 YOZ 面内进行显示。

F7：将当前平面切换至 XOZ 面，同时将图形投影到 XOZ 面内进行显示。

F8：显示轴侧图。

F9：切换作图平面（XY、XZ、YZ）。

默认：XOY 面。

第 3 单元　典型零件的造型、加工编程

1.3.1　项目实训说明

本实训范例的造型如图 1-3-1 所示，其特点是：下面为一圆柱体，上面由多个空间面组成。根据五角星的造型特点（见图 1-3-2），在构造实体时首先应使用空间曲线构造实体的空间线架，然后利用**直纹面**生成曲面，可以逐个生成也可以将生成的一个角的曲面进行圆形均布阵列，最终生成所有的曲面。最后使用**曲面裁剪**实体的方法生成实体，完成造型。

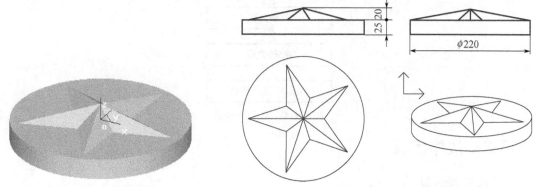

图 1-3-1　五角星造型　　　　　　　图 1-3-2　五角星二维图

通过五角星的造型过程，使学员们了解 CAXA 制造工程师的造型方法：线架造型、曲面造型、实体造型。

根据五角星实体的特点，采用的加工方法为等高线粗加工、等高线精加工。

通过五角星加工部分的讲解，使学员们了解如何进行加工刀具、后置、毛坯的设置；如何进行仿真加工、刀路检验与修改；如何生成 G 代码、工艺清单。

通过一个完整实例的学习，使学员们对利用 CAXA 制造工程师软件进行建模、生成刀路轨迹、G 代码和加工工艺清单有一个整体认识，达到快速入门之目的。

1.3.2　操作流程图

（1）造型流程图，如图 1-3-3 所示。

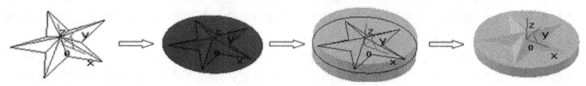

图 1-3-3　造型流程图

（2）加工流程图，如图 1-3-4 所示。

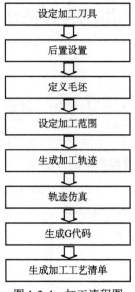

图 1-3-4 加工流程图

1.3.3 操作步骤

1. 五角星的造型

（1）绘制五角星的框架

① 圆的绘制：单击"曲线生成栏"上的"整圆"图标⊕，进入空间曲线绘制状态→在特征树下方的"立即菜单"中选择作圆方式"圆心_半径"→按照提示用鼠标拾取坐标系原点，也可以按回车"Enter"键→在弹出的对话框内输入圆心点的坐标（0，0，0）→回车→回车→输入半径100→回车→右击，结束该圆的绘制→右击，退出绘圆命令。

 注意

在输入点坐标值时，应该在英文输入法状态下输入，也就是标点符号是半角输入，否则会导致错误。

② 多边形的绘制：单击"曲线生成栏"上的"正多边形"图标⊙→"立即菜单"中选择"中心"定位，边数输入5，选择"内接"，如图1-3-5所示。按照系统提示拾取中心点→回车→输入内接半径为100（输入方法与圆的绘制相同）→回车→右击，结束该五边形的绘制，得到了五角星的5个角点，如图1-3-6所示。

③ 构造五角星的轮廓线：单击"曲线生成栏"上的"直线"图标／→"立即菜单"中选择"两点线"/"连续"/"非正交"（如图1-3-7所示）→单击五角星的5个角点，将五角星的各个角点连接，如图1-3-8所示。

 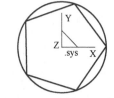 

图 1-3-5 正多边形立即菜单　　图 1-3-6 内接正五边形　　图 1-3-7 直线的立即菜单　　图 1-3-8 绘制五角星

④ 使用"删除"命令将多余的线段删除：单击"删除"图标 → 拾取多余的线段，拾取的线段会变成红色 → 右击，如图1-3-9所示。

单击"线面编辑栏"中"曲线裁剪"图标 → "立即菜单"中选择"快速裁剪"/"正常裁剪"方式，如图1-3-10所示。拾取要裁剪的线段，实现曲线裁剪 → 右击，结束"曲线裁剪"命令，得到了五角星的一个轮廓，如图1-3-11所示。

图1-3-9　删除多余的线段　　　图1-3-10　曲线裁剪立即菜单　　　图1-3-11　五角星的轮廓

⑤ 构造五角星的空间线架：在构造空间线架时，需要五角星的一个顶点，根据图1-3-2所示的主视图中的尺寸，应在五角星的高度方向上找到一点，即（0，0，20），以便通过两点连线实现五角星的空间线架构造。

按"F8"快捷键，单击"曲线生成栏"上的"直线"图标 → "立即菜单"中选择"两点线"/"连续"/"非正交" → 拾取五角星的一个角点 → 回车 → 输入顶点坐标（0，0，20）→ 回车。同理，作五角星各个角点与顶点的连线，完成五角星的空间线架，如图1-3-12、图1-3-13所示。

至此，五角星的线架造型完成。

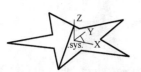   

图1-3-12　绘制空间直线　　　　图1-3-13　五角星的空间线架

（2）五角星曲面生成

① 通过直纹面生成曲面：选择五角星的一个角为例，单击"曲面生成栏"上的"直纹面"图标 → "立即菜单"中选择"曲线+曲线"的方式 → 拾取该角相邻的两条直线完成曲面，如图1-3-14、图1-3-15所示。

图1-3-14　用直纹面生成一曲面　　　图1-3-15　用直纹面生成另一曲面

 注意

在拾取相邻直线时，鼠标的拾取位置应该尽量保持一致（相对应的位置），这样才能保证得到正确的直纹面。

② 生成其他各个角的曲面：在生成其他曲面时，可以利用直纹面逐个生成曲面，也可以使用阵列功能对已有一个角的曲面进行圆形阵列来实现五角星的曲面构成。单击"几何变换栏"中的"阵列"图标 → "立即菜单"中选择"圆形"阵列方式，分布形式"均布"，份数输入"5"，如图1-3-16所示。拾取一个角上的两个曲面 → 右击 → 根据提示输入中心点坐标（0，0，0）→ 回车 →

右击,也可以直接拾取坐标原点,系统会自动生成各角的曲面,如图1-3-17所示。

图1-3-16 "圆形"阵列立即菜单　　　　　图1-3-17 五角星曲面

 注意

在使用圆形阵列时,一定要注意阵列平面的选择,否则曲面会发生阵列错误。因此,在本例中使用阵列前最好按一下快捷键"F5",用来确定阵列平面为XOY平面。

③ 生成五角星的加工轮廓平面:先以坐标原点为圆心点作圆,半径为110,如图1-3-18所示。

单击"曲面生成栏"中的"平面"图标→"立即菜单"中选择"裁剪平面"→左下角状态栏提示:"拾取平面外轮廓线",拾取平面的外轮廓线(单击圆)→确定链搜索方向(用鼠标点取箭头),如图1-3-19所示→系统提示拾取第一个内轮廓线→拾取五角星底边的一条线,如图1-3-20所示→确定链搜索方向(用鼠标点取箭头)→依次拾取五角星底边的另4条线,每条线都要确定搜索方向→右击,完成加工轮廓平面,如图1-3-21(a)所示。

至此,五角星曲面造型完成。

图1-3-18 绘半径为110的圆　　　　　图1-3-19 拾取外轮廓线

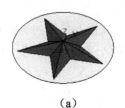

(a)　　　　(b)

图1-3-20 拾取五角星底边的一条线　　　图1-3-21 加工轮廓平面及裁剪平面

 注意:[操作步骤]

(1)拾取平面外轮廓线,并确定链搜索方向,选择箭头方向即可。

(2)拾取内轮廓线,并确定链搜索方向,每拾取一个内轮廓线确定一次链搜索方向。

(3)拾取完毕后单击鼠标右键,完成操作。

以上所做的裁剪平面如图1-3-21(b)所示。

(3)生成加工实体

① 生成基本体:选中特征树中的XOY平面→右击→选择"创建草图",如图1-3-22所示,或者直接单击"创建草图"图标(或按快捷键F2),进入草图绘制状态。

单击"曲线生成栏"上的"曲线投影"图标→拾取已有的外轮廓圆→右击,将圆投影到草图上,如图1-3-23所示。

 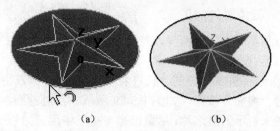

图 1-3-22　创建草图　　　图 1-3-23　鼠标拾取已有的外轮廓圆及将外轮廓圆变成草图圆

单击"特征生成栏"上的"拉伸增料"图标 →在"拉伸增料"对话框中选择相应的选项，如图 1-3-24 所示，单击"确定"按钮，生成如图 1-3-25 所示的实体。

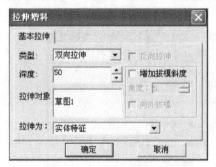 

图 1-3-24　拉伸增料对话框　　　　　图 1-3-25　拉伸增料生成实体

② 利用曲面裁剪除料生成实体：单击"特征生成栏"上的"曲面裁剪除料"图标 →框选所有的曲面和曲线→并且选择除料方向（即箭头向上指），如图 1-3-26 所示→单击"确定"按钮，如图 1-3-27 所示。

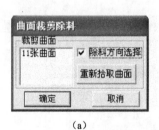 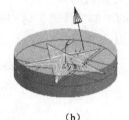

（a）　　　　　　　　　　（b）

图 1-3-26　曲面裁剪除料

③ 利用"隐藏"功能将曲面隐藏：单击"编辑"→"隐藏"→用鼠标从右向左框选整个实体（或用鼠标单个拾取曲面）→右击，实体上的曲面、曲线被隐藏了，如图 1-3-28 所示。

至此，五角星实体造型完成。

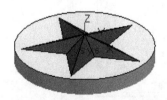 

图 1-3-27　曲面裁剪除料后的实体　　　　图 1-3-28　隐藏曲面后的实体

 注意

由于在实体加工中，有些图线和曲面是需要保留的，因此不要随便删除。

2. 五角星的加工

五角星的加工分两步，首先介绍加工前的准备工作，具体如下。

(1) 设定加工刀具

① 选择屏幕左侧的"轨迹管理"结构树→ 双击结构树中的刀具库，弹出"刀具库"对话框→单击"增加"按钮，如图 1-3-29 所示→在对话框中输入铣刀名称，一般都是以铣刀的直径和刀角半径来表示刀具名称，尽量选择与工厂中用刀习惯一致的。刀具名称一般表示形式为"D10，r3"，D 代表刀具直径，r 代表刀角半径。

② 设定增加的铣刀的参数：在"刀具定义"对话框中键入正确的数值，刀具定义即可完成，其中刀刃长度和刃杆长度与仿真有关，而与实际加工无关，在实际加工中要正确选择吃刀量和吃刀深度，以免刀具损坏。

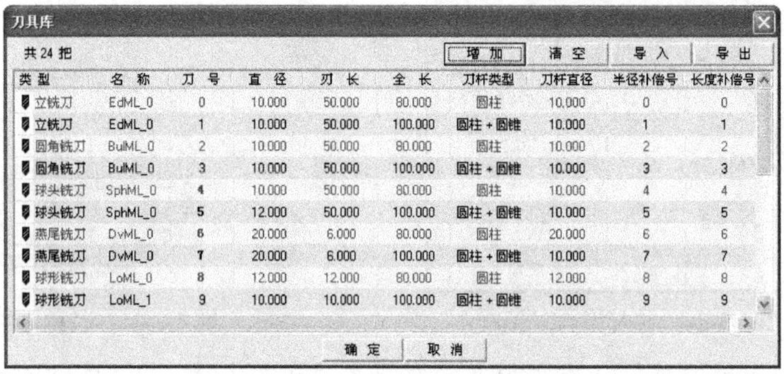

图 1-3-29 "刀具库"对话框

(2) 后置设置：用户可以增加当前使用的机床，给出机床名，定义适合自己机床的后置格式。系统默认的格式为 Fanuc 系统的格式。

① 选择屏幕左侧的"加工管理"结构树→双击结构树中的"机床后置"，弹出"选择后置配置文件"对话框，如图 1-3-30 所示。

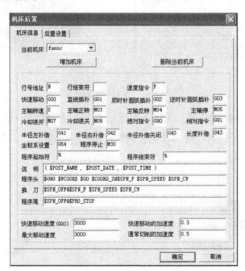

图 1-3-30 "选择后置配置文件"对话框

② 增加机床设置，选择当前机床类型。

③ 后置处理设置：选择"CAXA 后置配置"标签，根据当前的机床，设置各参数，如图 1-3-31 所示。

项目1 基于CAXA制造工程师2013构建技术的基础技能实训

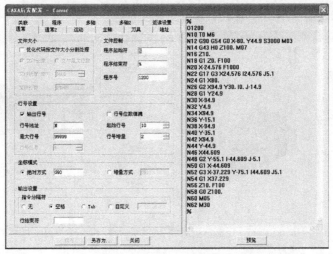

图 1-3-31 "CAXA 后置配置"选项卡

（3）定义毛坯：

① 选择屏幕左侧的"加工管理"结构树→双击结构树中的"毛坯"，弹出"毛坯定义"对话框。如图 1-3-32 所示。

② 单击"参照模型"按钮→弹出"参照模型"复选框→单击"确定"按钮，系统按现有模型自动生成毛坯，如图 1-3-33 所示。

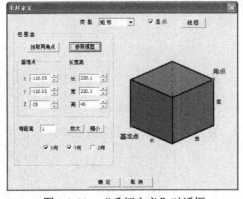

图 1-3-32 "毛坯定义"对话框

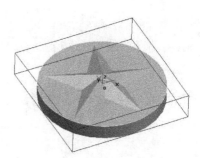

图 1-3-33 生成毛坯

（4）设定加工范围：

此例的加工范围直接拾取实体造型上的轮廓线即可。

其次介绍五角星的常规加工，具体步骤如下。

加工思路：等高线粗加工、等高线精加工。

五角星的整体形状是较为平坦，因此整体加工时应该选择等高线粗加工，精加工时应采用等高线精加工。

（1）等高线粗加工刀具轨迹：

因为要将轮廓圆设置为加工边界，所以要将隐藏的轮廓圆显示出来。单击"可见"图标☼→拾取轮廓圆→右击。

① 设置"粗加工参数"：单击"常用加工"→"等高线粗加工"→在弹出的"等高线粗加工"对话框中设置"加工参数"，如图 1-3-34 所示→在"刀具参数"中设置粗加工铣刀参数，如图 1-3-35 所示→在"切削用量"中设置粗加工参数，如图 1-3-36 所示→确认"起始点"、"下刀方式"、"切

入切出"为系统的默认值→单击"确定"退出参数设置。

图 1-3-34　加工参数 1　　　　　　　图 1-3-35　刀具参数

② 按系统提示拾取加工对象和加工边界：选中整个实体作为加工对象，系统将拾取到的所有实体表面变红→右击，确认拾取→拾取轮廓圆为加工边界→单击箭头的一端→右击，结束。

③ 生成粗加工刀路轨迹：系统提示 "正在计算轨迹，请稍候…"，然后系统就会自动生成粗加工轨迹，结果如图 1-3-37 所示。

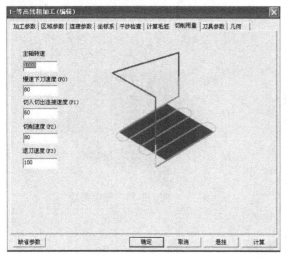
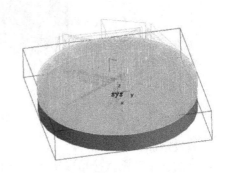

图 1-3-36　切削用量　　　　　　　图 1-3-37　粗加工刀路轨迹

④ 隐藏生成的粗加工轨迹：拾取轨迹→右击→在弹出菜单中选择"隐藏"命令，隐藏生成的粗加工轨迹，以便于下步操作。

（2）等高线精加工：

① 设置等高线精加工参数：单击"常用加工"→"等高线精加工"→在弹出的"等高线精加工"对话框中选择"加工参数"选项栏设置加工参数，如图 1-3-38 所示→在选项栏"区域参数"中设置精加工参数，如图 1-3-39 所示→"在切削用量"选项栏中设置精加工参数，如图 1-3-40 所示→在"刀具参数"选项栏设置刀具类型、名称等参数，如图 1-3-41 所示→确认"下刀方式"、"加工边界"系统默认值→单击"确定"按钮，退出精加工参数设置。

图 1-3-38　加工参数 1

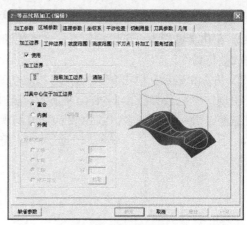

图 1-3-39　加工参数 2

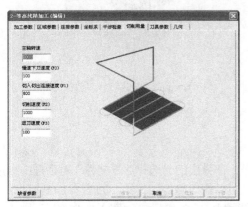

图 1-3-40　切削用量

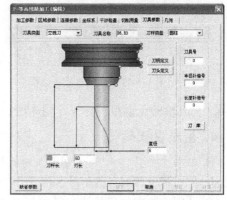

图 1-3-41　刀具参数

② 按系统提示拾取加工对象和加工边界：选中整个实体作为加工对象，系统将拾取到的所有实体表面变红→右击，确认拾取→拾取轮廓圆为加工边界→单击箭头的一端→右击，结束。

③ 生成等高线精加工轨迹，如图 1-3-42 所示。

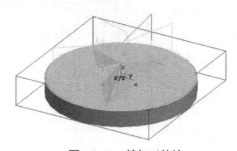

图 1-3-42　精加工轨迹

 注意

精加工的加工余量为零。

3．加工仿真、刀路检验与修改

① 单击"可见"图标 ☼→选中粗/精加工轨迹→右击，显示所有已生成的粗/精加工轨迹→单击"加工"→"轨迹仿真"→选择屏幕左侧的"加工管理"结构树→依次单击"等高线粗加工"和"等高线精加工"→右击，确认。系统自动启动 CAXA 轨迹仿真器→单击"运行"图标 ▶，在

弹出"控制"对话框，如图1-3-43所示→调整"仿真速度"中的值，运行仿真。

② 在仿真过程中，可以按住鼠标中间的滚轮来拖动、旋转被仿真件，可以滚动鼠标中间的滚轮来缩放被仿真件。

③ 仿真完成后，单击✔按钮，可以将仿真后的模型与原有零件进行比较。比较时，屏幕右下角会出现一个色条如图1-3-44（a）所示，其中绿色表示与原有零件一致；蓝色表示有余量存在，颜色越蓝，表示余量越多；红色表示有过切现象，颜色越红，表示过切越厉害，如图1-3-44（b）所示，五角星全是绿色，表示加工到尺寸，符合要求。

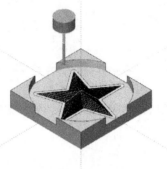

图1-3-43　仿真加工对话框　　　　　图1-3-44　五角星加工仿真

④ 仿真检验无误后，可保存粗/精加工轨迹。

4. 生成G代码

① 单击"加工"→"后置处理"→"生成G代码"，在弹出的"选择后置文件"对话框中给定要生成的NC代码文件名（五角星.cut）及其存储路径，然后单击"确定"按钮，如图1-3-45所示。

② 分别拾取粗加工轨迹与精加工轨迹→右击，生成加工G代码，如图1-3-46所示。

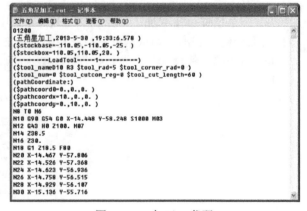

图1-3-45　"选择后置文件"对话框　　　　　图1-3-46　加工G代码

5. 生成加工工艺单

生成加工工艺单的目的有三个：一是车间加工的需要，当加工程序较多时可以使加工有条理，不会产生混乱；二是方便编程人员和机床操作者的交流；三是车间生产和技术管理上的需要。加工完的工件的图形档案、G代码程序可以与加工工艺单一起保存，一年以后如需要再加工此工件，可以立即取出加工工艺单进行加工，不需要再做重复的劳动。

① 单击"加工"→"工艺清单"，在弹出的"工艺清单"对话框，如图1-3-47所示→单击右上角按钮＿＿＿＿，输入零件名等相关信息后→单击"拾取轨迹"按钮→单击粗加工和精加工轨迹→右击→单击"生成清单"按钮，生成工艺清单，如图1-3-48所示。

图 1-3-47 "工艺清单"对话框

工艺清单输出结果

- general.html
- function.html
- tool.html
- path.html
- ncdata.html

图 1-3-48 工艺清单输出结果

② 单击"工艺清单输出结果"中的各项(分页),如图 1-3-48 所示,可以查看到毛坯、工艺参数、刀具等信息,如图 1-3-49 所示。

③ 加工工艺单可以用 IE 浏览器来查看,也可以用 Word 来查看,并且可以用 Word 来进行修改和添加。

至此五角星的造型、生成加工轨迹、加工轨迹仿真检查、生成 G 代码程序,生成加工工艺单的工作已经全部完成,可以把加工工艺单和 G 代码程序通过工厂的局域网送到车间。车间在加工之前还可以通过"CAXA 制造工程师 2013"软件中的校核 G 代码功能,再看一下加工代码的轨迹形状,做到加工之前胸中有数。把工件打表找正,按加工工艺单的要求找好工件零点,再按工序单中的要求装好刀具、找好刀具的 Z 轴零点,就可以开始加工了。

项目	关键字	结果	备注
零件名称	CAXAMEDETAILPARTNAME	五角星	
零件图图号	CAXAMEDETAILPARTID	0001	
零件编号	CAXAMEDETAILDRAWINGID	001	
生成日期	CAXAMEDETAILDATE	2005.8.20	
设计人员	CAXAMEDETAILDESIGNER	王军	
工艺人员	CAXAMEDETAILPROCESSMAN	王军	
校核人员	CAXAMEDETAILCHECKMAN	李明	
机床名称	CAXAMEMACHINENAME	-	
刀具起始点X	CAXAMEMACHHOMEPOSX	0.	
刀具起始点Y	CAXAMEMACHHOMEPOSY	0.	
刀具起始点Z	CAXAMEMACHHOMEPOSZ	100.	
刀具起始点	CAXAMEMACHHOMEPOS	(0.,0.,100.)	
模型示意图	CAXAMEMODELIMG		HTML代码

图 1-3-49 工艺参数信息

练习题

一、思考题

(1)"CAXA 制造工程师 2013"的界面由哪几部分组成?它们分别有什么作用?

(2)在 CAXA 制造工程师软件中,按下 F3 键时,屏幕显示将发生什么变化?

二、填空题

(1)CAXA 制造工程师的造型方法分为_____、_____和_____三种。

(2)当绘图区中出现一些操作痕迹而影响后续操作时,可单击_____键,对屏幕显示图形进行刷新。

项目 2　造型项目实训范例

项目目的：掌握 CAXA 制造工程师中零件造型的线架造型、特征实体造型、曲面造型、线架曲面实体复合造型等操作技能，奠定仿真加工基础。

项目内容：本项目以多个零件的实际构建任务为训练单元，以典型零件的造型过程入手，由浅入深、由简至繁，指导学员掌握线架造型、特征实体造型、曲面造型、线架曲面实体复合造型等操作技能。每一实训范例都给出了单元实训说明、操作流程图及实操步骤。本项目共 23 个教学单元，推荐课时为 42 课时，主要内容包括有：

① 线架造型；
② 特征实体造型；
③ 曲面造型；
④ 线架曲面实体复合造型。

第 1 单元　肥皂盒造型

2.1.1　项目实训说明

本实训范例的造型是一个肥皂盒（如图 2-1-1 所示），其特点是：在一立方体中间抽去一立方体，形成的一个壳状实体。

根据肥皂盒的造型（二维视图）特点（如图 2-1-2 所示），在构造实体时首先绘制矩形草图，然后"拉伸增料"生成立方体，再利用"抽壳"命令生成壳状实体，最终"过渡"完成实体造型。

图 2-1-1　肥皂盒造型　　　　　图 2-1-2　肥皂盒二维图

2.1.2　操作流程图

肥皂盒造型的操作流程图如图 2-1-3 所示。

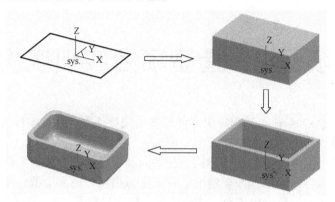

图 2-1-3 肥皂盒造型操作流程图

2.1.3 操作步骤

1. 绘制草图

(1) 双击桌面上"CAXA 制造工程师 2013"图标，启动"CAXA 制造工程师 2013"软件，进入其主界面。

◆ 软件运行的三种方法：

① 同步骤（1）。

② 从"开始"→"程序"找到相应安装信息，单击进入。

③ 在资源管理器中查找软件的安装目录，双击 bin 子目录下的"me.exe"文件，运行程序。

(2) 在特征树中单击"平面 XY"→右击→单击"创建草图"，如图 2-1-4 所示。

◆ "创建草图"的三种方法：

① 同步骤（2）。

② 在特征树中单击"平面 XY"→右击→单击"绘制草图"图标或按快捷键 F2。

③ 在特征树中单击"平面 XY"→"造型"→"绘制草图"，进入草图绘制环境。

(3) 根据图 2-1-2 所示二维视图尺寸，单击"曲线生成栏"中的"直线"图标→"立即菜单"设置："两点线"/"连续"/"正交"/"点方式"→回车→在弹出的输入框中输入坐标（100，65，0），输入框显示 100,65,0 →回车→回车→输入（-100，65，0）→回车→回车→输入（-100，-65，0） -100,65,0 →回车→回车→输入（100，-65，0）→捕捉起始点→右击→右击，得到如图 2-1-5 所示的矩形框。

除了上面所讲的方法，还可以用矩形命令绘制如图 2-1-5 所示的草图。

(4) 再次单击"绘制草图"图标，使软件退出草图绘制状态，至此完成草图绘制→按"F8"快捷键，如图 2-1-6 所示。

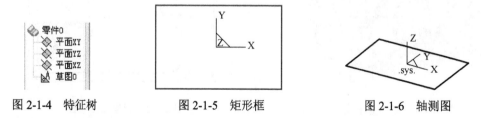

图 2-1-4 特征树　　　　图 2-1-5 矩形框　　　　图 2-1-6 轴测图

2. 构造基本实体

(1) 单击"特征生成栏"中的"拉伸增料"图标（或单击"造型"→"特征生成"→"增料"→"拉伸"），弹出"拉伸增料"对话框，如图 2-1-7 所示。

（2）对话框中的"深度"一栏输入数值"70"→选中刚才所绘制的草图→单击"确定"按钮，屏幕显示如图 2-1-8 所示。

图 2-1-7 "拉伸增料"对话框

图 2-1-8 拉伸结果

3．抽壳

（1）单击"特性生成栏"中的"抽壳"图标 （或单击"造型"→"特征生成"→"抽壳"），弹出的"抽壳"对话框，如图 2-1-9 所示。

（2）对话框中的"厚度"一栏输入数值 10（对话框中的厚度是指抽壳后的壁厚）→选中实体造型的上表面作为抽壳面→单击"确定"按钮，完成抽壳，如图 2-1-10 所示。

图 2-1-9 "抽壳"对话框

图 2-1-10 抽壳结果

4．过渡棱边

（1）单击"特征生成栏"中的"过渡"图标 （或"造型"→"特征生成"→"过渡"），在弹出"过渡"对话框中"半径"一栏输入数值"20"（表示此边的过渡圆弧半径为20），如图 2-1-11 所示→拾取拉伸体的 4 条竖直棱边，如图 2-1-12 所示。单击"确定"按钮，系统自动生成过渡圆角，如图 2-1-13 所示。

 注意

不要拾取造型的 4 个平面，否则将无法完成过渡操作。

（2）重复上述操作，将肥皂盒内部棱边进行过渡，结果如图 2-1-14 所示。

图 2-1-11 "过渡"对话框

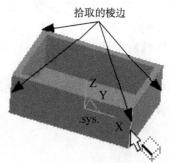
图 2-1-12 拾取位置

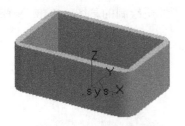
图 2-1-13 过渡圆角

图 2-1-14 完成内部棱边过渡

5. 过渡面

（1）单击"特征生成栏"中的"过渡"图标○，在弹出的"过渡"对话框→"半径"一栏输入数值 20→拾取基本造型的底面（也可以拾取底面所包含的 8 条曲线，包括 4 条边和 4 个倒角的曲线），如图 2-1-15 所示→单击"确定"按钮，如图 2-1-16 所示。

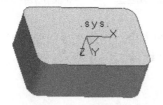
图 2-1-15 拾取底部外平面

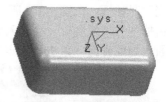
图 2-1-16 过渡圆角结果

（2）重复上述操作，将肥皂盒底部内平面及上部平面进行过渡，如图 2-1-17、图 2-1-18 所示，过渡结果如图 2-1-1 所示。

图 2-1-17 拾取底部内平面

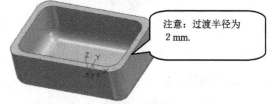
图 2-1-18 拾取上部平面

注意：过渡半径为 2 mm。

整个造型包含了最基本的造型设计思想，为下一步构造复杂造型打好基础。

第 2 单元　弹簧的造型

2.2.1　项目实训说明

本实训范例的造型为一个弹簧，如图 2-2-1 所示。其特点是：一草图圆沿一条空间螺旋曲线导动增料形成的一实体。

绘制草图圆应注意：①圆心在空间螺旋曲线的下端点上；②草图平面应过螺旋曲线的下端点且垂直螺旋线。

通过该实例可使学员掌握螺旋曲线的生成、导动增料等功能的使用和操作方法。弹簧的造型方法基本与螺纹一样。

 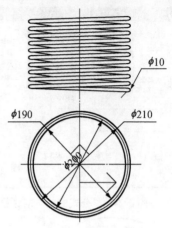

图 2-2-1 弹簧造型　　　　　　　图 2-2-2 弹簧二维图

2.2.2 操作流程图

根据弹簧的造型特点（如图 2.2.2 所示二维视图所示），在构造实体时首先绘制一条空间螺旋线，然后在螺旋曲线的下端点绘制一个草图圆，再利用"导动增料"命令生成弹簧实体。具体的操作流程图如图 2-2-3 所示。

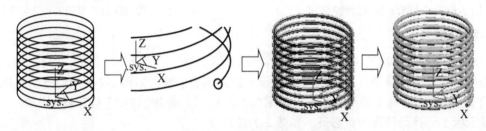

图 2-2-3 弹簧造型操作流程图

2.2.3 操作步骤

1. 绘制空间螺旋曲线

按"F8"键，把显示状态切换到轴测图状态下→单击"造型"→"曲线生成"→"公式曲线"（或单击"公式曲线"图标 $f(x)$），弹出"公式曲线"对话框→输入螺旋线的各项参数，如图 2-2-4 所示→单击"确定"按钮，此时在屏幕左下方的状态条提示："曲线定位点"→捕捉坐标系原点，绘制出空间螺旋线→按"F3"快捷键，最大显示全部螺旋曲线，如图 2-2-5 所示。

 注意

曲线定位点一定要在坐标原点，可以用鼠标拾取得到，也可以直接输入坐标（0，0，0）。

2. 绘制草图圆

单击特征树中的 ◇ 平面XZ →右击→单击"绘制草图"图标 ✎ ，进入绘制草图状态→单击"曲线生成栏"中的"整圆"图标 ⊕ ，状态条提示："圆心点"→捕捉螺旋线的起点，如图 2-2-6 所示→状态栏提示："输入圆上一点或半径："，按 Enter 键→输入半径"5"→按 Enter 键→右击（结束绘圆）→右击（结束绘圆命令，立即菜单消失），得到弹簧的草图圆，如图 2-2-7 所示。单击"绘制草图"图标 ✎ ，退出绘制草图状态，完成了封闭草图轮廓的绘制。

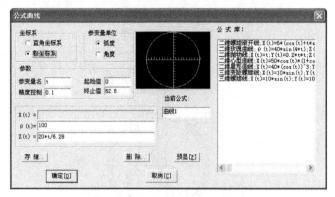
图 2-2-4 "公式曲线"对话框

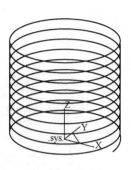
图 2-2-5 螺旋线

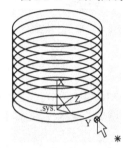
图 2-2-6 鼠标拾取到螺旋线的起点

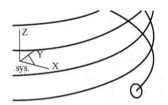
图 2-2-7 得到弹簧的草图圆

3. 导动增料

（1）单击"特征生成栏"中的"导动增料"图标，弹出"导动"对话框，→在"选项控制"下拉列表中选择"固接导动"，如图 2-2-8 所示→拾取螺旋曲线，如图 2-2-9 所示→状态提示栏：确定链搜索方向。单击向上箭头→右击，如图 2-2-10 所示。单击"确定"按钮得到实体→按"F8"键，把显示状态切换到轴测图状态下，如图 2-2-11 所示。

图 2-2-8 "导动"对话框

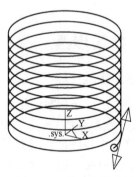
图 2-2-9 拾取螺旋曲线

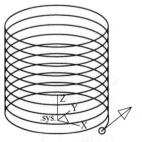
图 2-2-10 右击结果

图 2-2-11 轴测图

(2)单击"编辑"→"隐藏"→框选螺旋曲线→右击,将螺旋曲线隐藏,得到如图 2-2-1 所示的弹簧造型。

第 3 单元 凸轮的造型

2.3.1 项目实训说明

本实训范例的造型为凸轮,如图 2-3-1 所示,其二维视图如图 2-3-2 所示。其特点是:外轮廓边界线是一条凸轮曲线,中间有一个带键槽的孔,整体是一个柱状体。

根据凸轮的造型特点,在构造实体时首先通过"公式曲线"绘制一条凸轮曲线,然后绘制中间带键槽的孔组成的封闭曲线,再利用"曲线投影"命令将凸轮曲线和带键槽的孔组成的封闭曲线变成草图,通过拉伸功能进行实体造型。最后利用圆角过渡功能过渡相关边。

图 2-3-1 凸轮造型

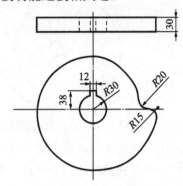

图 2-3-2 凸轮二维图

通过该项目的实训可使学员进一步的掌握"公式曲线"的运用、空间曲线如何变成草图线。

2.3.2 操作流程图

凸轮实体造型操作流程图如图 2-3-3 所示。

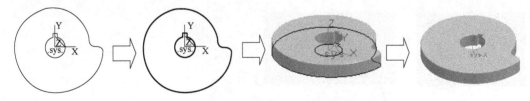

图 2-3-3 凸轮实体造型操作流程图

2.3.3 操作步骤

1. 绘制凸轮轮廓线

(1)单击"文件"→"新建",新建一个文件。

(2)按"F5"键,在 XOY 平面内绘图→单击"曲线生成栏"中的"公式曲线"图标 f(x),弹出的"公式曲线"对话框→选中"极坐标系"选项,设置参数如图 2-3-4 所示→单击"确定"按钮→捕捉坐标原点(此时公式曲线图形跟随鼠标,捕捉形式为默认的"缺省点"),如图 2-3-5 所示。

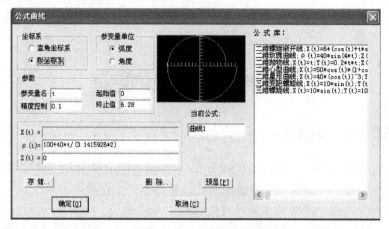

图 2-3-4 公式曲线对话框

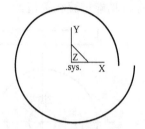   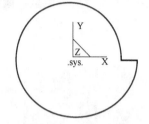

图 2-3-5 定位曲线到原点   图 2-3-6 绘制连线

（3）单击"曲线生成栏"中的"直线"图标 ╱ →"立即菜单"选择"两点线-连续-非正交"方式，分别单击公式曲线的两个端点，如图 2-3-6 所示。

（4）单击"曲线生成栏"中的"整圆"图标 ⊕ →捕捉坐标原点（圆心在坐标原点上）→按"Enter"键，弹出输入半径文本框→输入"30"→按"Enter"键，如图 2-3-7 所示。

（5）单击"曲线生成栏"中的直线图标 ╱ →"立即菜单"选择"两点线"/"连续"/"正交"/"长度方式"方式→在"长度"一栏中输入"12"，如图 2-3-8 所示→按"Enter"键→捕捉坐标原点→在坐标原点右侧单击一下→右击，完成长度为 12 直线的绘制，如图 2-3-9 所示。

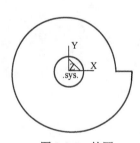   

图 2-3-7 绘圆   图 2-3-8 立即菜单   图 2-3-9 绘制长度为 12 的直线

（6）单击"几何变换栏"中的"平移"图标 →设置平移参数，如图 2-3-10 所示→选中上述直线→右击，选中的直线移动到指定的位置，如图 2-3-11 所示。

（7）单击"曲线生成栏"中的"直线"图标 ╱ →"立即菜单"选择"两点线/连续/正交/点方式"→绘制左边垂线，如图 2-3-12 所示。

 注意

直线要与圆相交。

（8）同上步操作，在水平直线的另一端点，画垂直线。如图 2-3-13 所示。

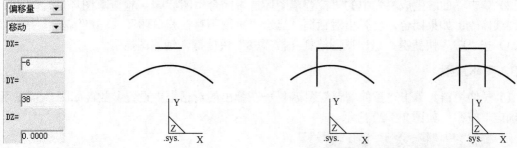

图 2-3-10　平移参数　　图 2-3-11　选中直线移动结果　　图 2-3-12　绘制左边垂线　　图 2-3-13　绘制右边垂线

（9）单击"线面编辑栏"中的"曲线裁剪"图标，选项设置如图 2-3-14 所示→单击需剪去的线段→右击，修剪后曲线如图 2-3-15 所示。

（10）单击"显示工具栏"中的"显示全部"图标，绘制的图形如图 2-3-16 所示。

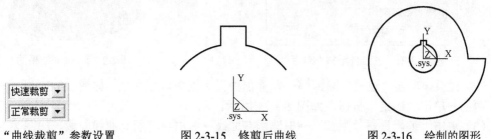

图 2-3-14　"曲线裁剪"参数设置　　图 2-3-15　修剪后曲线　　图 2-3-16　绘制的图形

（11）单击"线面编辑栏"中的"曲线过渡"图标→设置参数，如图 2-3-17 所示→单击过渡的两条相邻曲线，如图 2-3-18 所示→将圆弧过渡的半径值修改为"15"，如图 2-3-19 所示→单击过渡的两条相邻曲线，如图 2-3-20 所示。

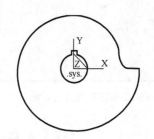

图 2-3-17　参数设置 1　　　　　　图 2-3-18　半径为 15 的圆弧过渡

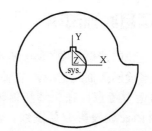

图 2-3-19　参数设置 2　　　　　　图 2-3-20　半径为 15 的圆弧过渡

2．将轮廓线投影成草图线

（1）单击特征树中的图标　平面XY→右击→"创建草图"，进入草图绘制状态。单击"曲线生成栏"中的"曲线投影"图标→框选所有轮廓曲线→右击，把图形投影到草图上。

（2）单击"曲线生成栏"中的"检查草图环是否闭合"图标，检查草图环是否闭合，如不闭合继续修改；如果闭合，将弹出对话框，显示"草图不存在开口环"，单击"确定"按钮。

（3）按"F2"快捷键，退出草图绘制→按"F8"快捷键，轴测图显示。

3. 实体造型

（1）拉伸增料。单击"拉伸增料"图标→在弹出的对话框中设置参数，如图 2-3-21 所示→按"确定"按钮，如图 2-3-22 所示。

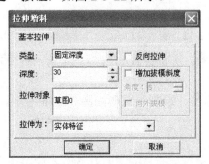

图 2-3-21　"拉伸增料"对话框

图 2-3-22　拉伸结果图

（2）过渡。单击"过渡"图标→在弹出的对话框中设置参数，如图 2-3-23 所示→单击实体上下两面→单击"确定"按钮，如图 2-3-24 所示。

（3）单击"编辑"→"隐藏"→框选所有曲线→右击，将所有曲线隐藏，如图 2-3-1 所示。

图 2-3-23　过渡对话框

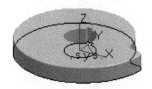

图 2-3-24　过渡结果

第 4 单元　起子的造型

2.4.1　项目实训说明

本实训范例起子的造型如图 2-4-1 所示，其二维视图如图 2-4-2 所示，范例造型特点是：轮廓由一个已知圆和多段圆弧曲线组成，中部偏上有一压印，总体来看是一拉伸实体。

根据启子的造型特点，在构造实体时首先绘制如图 2-4-2 所示的曲线图，再将除 $R8$ 压印圆弧线之外的封闭曲线投影成草图线，然后拉伸增料。最后利用"拉伸除料"命令将压印部分形成。

通过该项目的实训可使学员近一步的掌握二维图形的绘制及"拉伸除料"命令的运用。

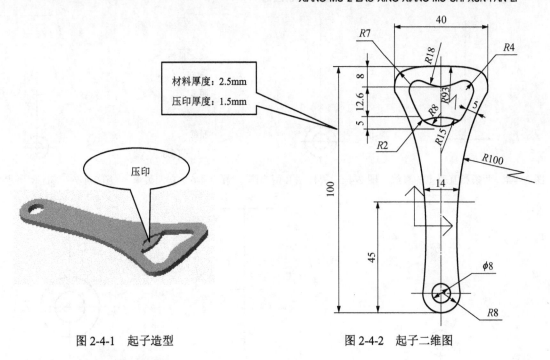

图 2-4-1 起子造型

图 2-4-2 起子二维图

2.4.2 操作流程图

起子的造型操作流程如图 2-4-3 所示。

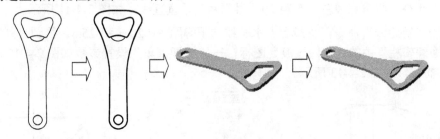

图 2-4-3 起子的造型操作流程图

2.4.3 操作步骤

1. 绘制轮廓线

（1）按"F5"键，在 XOY 平面内绘图→单击"曲线生成栏"中的"直线"图标→"立即菜单"设置为："两点线/连续/正交/点方式"→绘制两条相互垂直的直线，如图 2-4-4 所示。

（2）单击"曲线生成栏"中的"整圆"图标，绘制 R4、R8 的两个圆，如图 2-4-5 所示。

（3）单击"曲线生成栏"中的"等距线"图标→设置"立即菜单"如图 2-4-6 所示→单击水平线→单击向上箭头→在"立即菜单"中输入"92"→回车→单击两圆的水平中心线→单击向上箭头，如图 2-4-7 所示。

（4）单击"线面编辑栏"中的"曲线拉伸"图标→拾取垂直线的上部，如图 2-4-8 所示→鼠标上移，与最上一条水平线相交时，单击一下→用同样的方法，将最上一条水平线拉长，如图 2-4-9 所示。

（5）利用"等距线"命令，将最下方水平线向下等距 1，如图 2-4-10 所示。

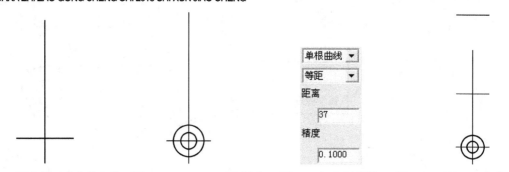

图 2-4-4 两条相互垂直的直线　　图 2-4-5 R4、R 8 两个圆　　图 2-4-6 立即菜单　　图 2-4-7 等距两条水平线

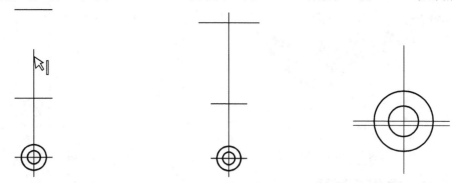

图 2-4-8 拾取垂直线的上部　　　图 2-4-9 鼠标上移　　　图 2-4-10 向下等距 1

（6）单击"圆"图标⊕→以上步骤得到的水平线与垂直线的交点为圆心，绘制 R93 的圆→利用"等距线"命令，将垂直线左右等距 20，得到两条垂直直线，如图 2-4-11 所示。

（7）利用"等距线"命令，将最上方水平线向下等距 8、20.6 和 25.6，得到另外三条水平线→单击"线面编辑栏"中的"曲线过渡"图标 →"立即菜单"设置参数如图 2-4-12 所示→单击 R7 的两相邻曲线，如图 2-4-13 所示。

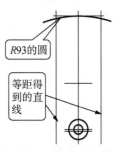

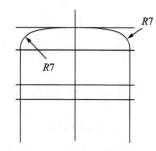

图 2-4-11 绘制 R93 的圆　　　图 2-4-12 立即菜单　　　图 2-4-13 等距、过渡结果

（8）利用"等距线"命令，将中间垂直线左右等距 7，如图 2-4-14 所示。

（9）单击"曲线生成栏"中的"直线"图标 →"立即菜单"选择"两点线"/"连续"/"非正交"→绘制两条斜线，如图 2-4-15 所示。

（10）单击"线面编辑栏"中的"删除"图标 →拾取两条水平线、4 条垂直线→右击，如图 2-4-16 所示。

（11）利用"曲线拉伸"命令，分别将两条 R7 的圆弧拉伸，如图 2-4-17 所示。

（12）单击"圆弧"图标 →"立即菜单"选择"两点-半径"→按空格键，弹出"点工具菜单"→单击"T 切点"，如图 2-4-18 所示→（状态栏提示：第一点）单击 R7 圆弧→（状态栏提示：第二点）单击起子下部斜线→将鼠标移动到如图 2-4-19 所示位置→（状态栏提示：第三点或半径）

输入"100"→回车,如图 2-4-20 所示。

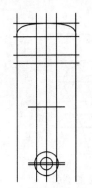 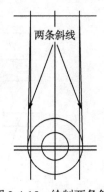 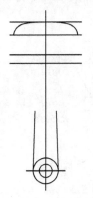 

图 2-4-14 生成等距线　　图 2-4-15 绘制两条斜线　　图 2-4-16 删除 6 条线　　图 2-4-17 拉伸 R7 的圆弧

用同样的方法绘制右边 R100 的圆弧,如图 2-4-21 所示。

(13) 利用"曲线裁剪"命令,剪去多余曲线,如图 2-4-21 所示。

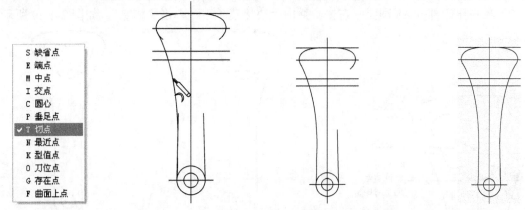

图 2-4-18 "点工具"菜单　　图 2-4-19 鼠标移动　　图 2-4-20 绘制 R100 的圆弧　　图 2-4-21 完成外轮廓图形

(14) 利用"等距线"、"整圆"命令,绘制 R18 的圆,如图 2-4-22 所示。

(15) 利用"等距线"命令,将 R100 的圆弧向里等距 5,如图 2-4-23 所示。

(16) 利用"圆弧过渡"命令,过渡 R4 的圆弧,如图 2-4-24 所示。

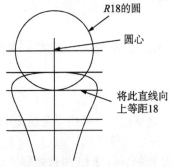 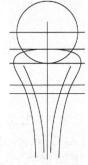 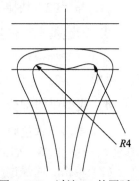

图 2-4-22 绘制 R18 的圆　　图 2-4-23 将 R100 的圆弧向里等距 5　　图 2-4-24 过渡 R4 的圆弧

(17) 利用"等距线"、"整圆"命令,绘制 R15 的圆,如图 2-4-25 所示。

(18) 利用"圆弧过渡"命令,过渡 R2 的圆弧,如图 2-4-26 所示。

(19) 利用"删除"命令,将从上往下数,第 1、2、3、4、6、7 条水平线删除。

(20) 利用"等距线"、"整圆"命令,绘制 R8 的圆,如图 2-4-27 所示。

(21) 利用"曲线裁剪"、"删除"命令,将 $R8$ 的上部圆弧剪掉,将所有辅助线删除,如图 2-4-28 所示。

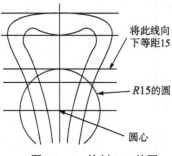

图 2-4-25　绘制 $R15$ 的圆

图 2-4-26　过渡 $R2$ 的圆弧

2. 将轮廓线投影成草图线

(1) 单击特征树中的 ◆平面XY→右击→"创建草图",进入草图绘制状态→单击"曲线生成栏"中的"曲线投影"图标 →框选所有轮廓曲线→右击,把图形投影到草图上。

(2) 单击压印部分 $R8$ 圆弧→右击,弹出"快捷菜单"→单击"删除",如图 2-4-29 所示。

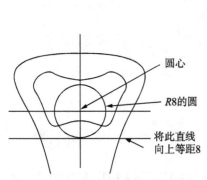

图 2-4-27　绘制 $R8$ 的圆

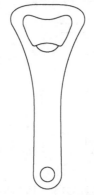

图 2-4-28　起子的轮廓图形

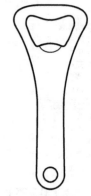

图 2-4-29　基本拉伸实体的草图

(3) 单击"曲线生成栏"中的"检查草图环是否闭合"图标 ,检查草图是否闭合,如不闭合继续修改;如果闭合,将弹出对话框,显示"草图不存在开口环",单击"确定"。

(4) 按"F2"快捷键,退出草图绘制→按"F8"快捷键,轴测图显示。

3. 构造基本拉伸实体

单击"拉伸增料"图标 →在弹出的对话框中设置参数,如图 2-4-30 所示→"确定",最终结果如图 2-4-31 所示。

4. 成型压印部分

(1) 单击基本拉伸实体的上表面,如图 2-4-32 所示→右击→"创建草图"→单击"曲线投影"图标 →单击 $R8$、$R15$ 的圆弧,如图 2-4-33 所示→右击,形成压印部分的草图线。

(2) 单击"曲线过渡"图标 →"立即菜单"选择"尖角"→分别将 $R8$、$R15$ 两圆弧相交处进行"尖角"过渡。

(3) 按"F2"快捷键,退出草图绘制状态。

图 2-4-30 "拉伸增料"对话框

图 2-4-31 基本拉伸实体

（4）单击"拉伸除料"图标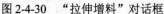→在弹出的对话框中设置参数，如图 2-4-34 所示→按"确定"按钮，成型压印部分。

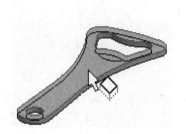

图 2-4-32 拾取上表面

图 2-4-33 拾取 R8、R15 的圆弧

图 2-4-34 "拉伸除料"对话框

（5）单击"编辑"→"隐藏"→框选整个起子→右击，将所有曲线隐藏，结果如图 2-4-1 所示。

第 5 单元　螺母的造型

2.5.1　项目实训说明

本实训范例螺母的造型如图 2-5-1 所示，二维视图如图 2-5-2 所示。造型的特点是：一正六边柱，中间有一螺纹孔，上下表面在周边为旋转斜面。

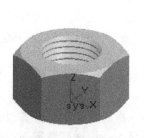

图 2-5-1　螺母造型

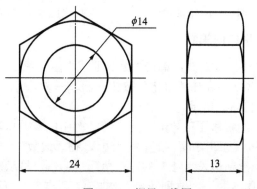

图 2-5-2　螺母二维图

根据螺母的造型特点，在构造实体时首先利用"拉伸增料"生成一带孔正六棱柱，然后利用"公式曲线"生成螺旋线，再利用"导动除料"生成内螺纹。最后利用"旋转除料"生成螺母上

下表面周边的斜面。

通过该项目的实训可使学员再熟悉"公式曲线"的运用、了解"拉伸增料"、"旋转除料"、"导动除料"的运用。

2.5.2 操作流程图

螺母造型的操作流程如图 2-5-3 所示。

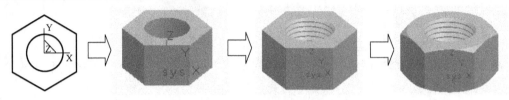

图 2-5-3　螺母造型操作流程图

2.5.3 操作步骤

1. 拉伸带孔正六棱柱

（1）创建草图、画正六边形：单击特征树中的图标◆平面XY→右击→"创建草图"，进入草图绘制状态。单击"正多边形"图标⊙→"立即菜单"设置多边形参数，如图 2-5-4 所示→将正六边形中心捕捉到原点→输入"12"→回车→右击。

（2）画圆：单击"整圆"图标⊕→圆心捕捉原点→半径输入"7"→回车→右击，结果如图 2-5-5 所示。

（3）实体拉伸：按"F2"，退出草图→按"F8"，轴测图显示→单击"拉伸增料"图标→在"拉伸增料"对话框中设置"类型"为"固定深度"；"深度"输入"13"，其他选项为默认设置→单击"确定"按钮，如图 2-5-6 所示。

图 2-5-4　立即菜单

图 2-5-5　正六边形及圆

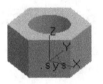

图 2-5-6　拉伸结果

2. 生成内螺纹

（1）生成螺旋线：单击"公式曲线"图标 f(x)，弹出"公式曲线"对话框→选项及参数设置如图 2-5-7 所示→单击"确定"按钮→回车→输入,-1，把螺旋线的基点放在（0，0，-1）上，如图 2-5-8 所示。

（2）绘制草图三角形：单击特征树中的◆平面XZ→右击→"创建草图"→单击"正多边形"图标⊙→"立即菜单"设置为"边"，在"边数"一栏输入"3"→任一点单击一下→输入：@1.5→回车，绘制边长为 1.5 的正三角形→单击"显示窗口"图标⊕→框选三角形，使其放大→单击"移动"图标→"立即菜单"选择："两点"/"移动"/"非正交"→框选三角形→右击→捕捉三角形的一个顶点→移动鼠标，捕捉螺旋线的下端点，如图 2-5-9 所示→右击，结束"移动"命令。

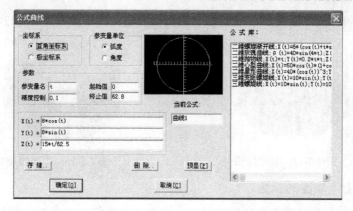

图 2-5-7 "公式曲线"对话框

图 2-5-8 生成螺旋线

图 2-5-9 移动三角形

（3）过渡：单击"曲线过渡"图标 → "立即菜单"设置，如图 2-5-10 所示 → 将正三角形的 3 个角分别过渡 → 右击。

（4）移动：单击"移动"图标 → "立即菜单"设置，如图 2-5-11 所示 → 框选正三角形 → 右击，结束选取 → 右击，结束"移动"命令。

图 2-5-10 过渡"立即菜单"设置

图 2-5-11 移动"立即菜单"设置

（5）导动除料。按"F2"，退出草图 → 单击"导动除料"图标 → "导动"对话框设置，如图 2-5-12 所示 → 单击螺旋线 → 单击向上的箭头 → 右击，手动过程如图 2-5-13 所示 → "确定"，导动结果如图 2-5-14 所示。

图 2-5-12 "导动"对话框

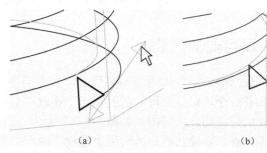

图 2-5-13 导动过程

（6）单击"编辑"→"隐藏"→框选整个螺母→右击，内螺纹结果如图 2-5-15 所示。

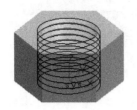 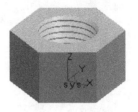

图 2-5-14　导动结果　　　　　　　　图 2-5-15　隐藏螺旋线

3. 生成螺母上下表面的斜面

（1）按"F7"，XZ 坐标平面显示图形→单击"直线"图标 ∕ →"立即菜单"选择："两点" / "连续" / "正交" / "点方式"→绘制一条过圆点的直线，如图 2-5-16 所示。

（2）单击特征树中的图标 ◆ 平面XZ →右击→"创建草图"→绘制如图 2-5-17 所示草图（两个三角形）→按"F2"退出草图。

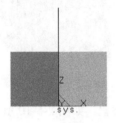 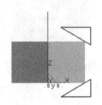

图 2-5-16　绘制轴线　　　　　　　　图 2-5-17　绘制草图

（3）单击"旋转除料"图标 → 弹出"旋转"对话框、设置如图 2-5-18 所示→单击草图三角形→单击轴线→单击"确定"按钮→按"F8"，如图 2-5-19 所示。

（4）将轴线隐藏，结果如图 2-5-1 所示。

 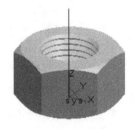

图 2-5-18　"旋转"对话框　　　　　　图 2-5-19　旋转除料结果

第 6 单元　轴承座造型

2.6.1　项目实训说明

本实训范例轴承座的造型如图 2-6-1 所示，其造型特点是：底部为带两个孔的近似矩形立方体的底板，中部有一个近似三角形的侧板和一个筋板，上部为一空心凸台。

根据轴承座的三视图及轴侧图（如图 2-6-2 所示），在构造实体时首先通过"拉伸增料"拉伸底板，然后拉伸侧板，拉伸凸台，再利用"筋板"命令生成筋板，最后过渡部分棱边。

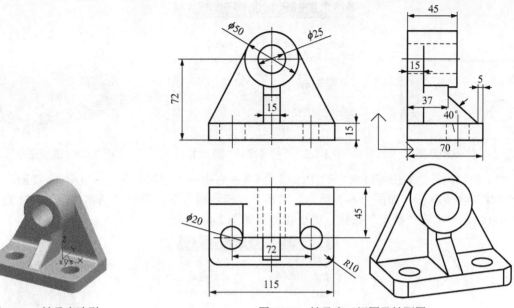

图 2-6-1 轴承座造型　　　　图 2-6-2 轴承座三视图及轴测图

说明：

（1）"CAXA 制造工程师 2013"实体造型的特点是可以同时拉伸多个封闭曲线。

（2）筋板生成时，草图可以是单条线，也可以是多条线组成的非封闭曲线。

通过该项目的实训，可使学员进一步的掌握"拉伸增料"的运用和"筋板"命令的运用。

2.6.2　操作流程图

轴承座造型操作流程如图 2-6-3 所示。

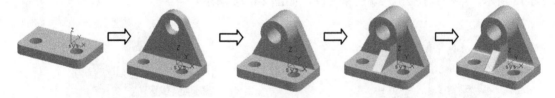

图 2-6-3　轴承座造型操作流程图

2.6.3　操作步骤

1．绘制轴承座实体

（1）拉伸底板：单击特征树中的图标◆平面XY→右击→"创建草图"→按图 2-6-2 所示的俯视图尺寸绘制底板草图，如图 2-6-4 所示。单击"拉伸增料"图标，会自动退出草图→"拉伸增料"对话框的设置如图 2-6-5 所示→单击"确定"按钮→按"F8"快捷键，底板拉伸体如图 2-6-6 所示。

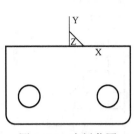  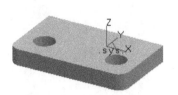

图 2-6-4　底板草图　　　图 2-6-5　"拉伸增料"对话框 1　　　图 2-6-6　底板拉伸体

（2）拉伸侧板：单击特征树中的图标◆平面XZ→右击→"创建草图"→按图 2-6-2 所示的主视图尺寸绘制侧板草图，如图 2-6-7 所示。单击"拉伸增料"图标→"基本拉伸"参数的设置如图 2-6-8 所示→单击"确定"按钮，侧板拉伸体如图 2-6-9 所示。

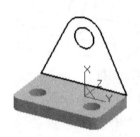 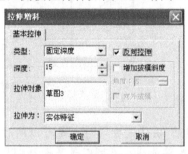 

图 2-6-7　侧板草图　　　图 2-6-8　"拉伸增料"对话框 2　　　图 2-6-9　侧板拉伸体

（3）绘制凸台草图：单击侧板前表面→右击→单击"创建草图"选项，进入草图，如图 2-6-10 所示。单击"整圆"图标→按"空格键"，弹出"点工具菜单"→单击"C 圆心"→单击小圆，捕捉小圆圆心，如图 2-6-11 所示→按"空格键"，弹出"点工具菜单"→单击"E 端点"→单击小圆，以小半径确定草图圆半径，如图 2-6-12 所示→单击大圆，以大圆半径确定草图圆半径，如图 2-6-13 所示，绘制直径 25、50 的草图圆，如图 2-6-14 所示。

 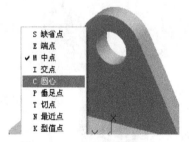

图 2-6-10　"创建草图"　　　　　　图 2-6-11　确定草图圆圆心

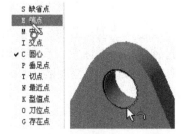 

图 2-6-12　确定草图小圆半径　　　　图 2-6-13　确定草图大圆半径

（4）拉伸凸台：单击"拉伸增料"图标→在"拉伸深度"对话框输入"30"→单击"确定"按钮，结果如图 2-6-15 所示。

（5）生成筋板：单击特征树中的 ❖ 平面YZ→右击→"创建草图"→按图 2-6-2 所示的左视图尺寸绘制加强筋上的一条草图线，如图 2-6-16 所示。单击"筋板"图标 →"筋板特征"对话框的设置如图 2-6-17 所示，加固方向如图 2-6-18 所示→单击"确定"按钮，结果如图 2-6-19 所示。

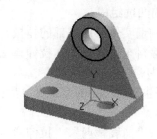
图 2-6-14 凸台草图

图 2-6-15 拉伸凸台

图 2-6-16 绘制加强筋上的一条线

图 2-6-17 "筋板特征"对话框

图 2-6-18 加固方向

（6）过渡：单击"过渡"图标 →在底板与侧板的交线上过渡，过渡半径输入为 8，如图 2-6-20 所示；其他的过渡半径输入为 2，如图 2-6-21 所示。

图 2-6-19 筋板加厚结果

图 2-6-20 过渡半径为"8"

图 2-6-21 其他的过渡半径为"2"

第 7 单元　连杆的造型

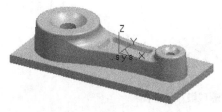
(a) 凸模

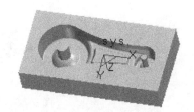
(b) 凹模

图 2-7-1　连杆造型

2.7.1 项目实训说明

本实训范例连杆的造型如图 2-7-1 所示,其特点是:连杆自下而上由底部托板、基本拉伸体、两个凸台、凸台上的凹坑、凹坑中有孔和基本拉伸体上表面的凹坑组成。

根据连杆造型的三视图及轴侧图(如图 2-7-2 所示),在构造实体时:底部的托板、基本拉伸体和两个凸台通过拉伸草图来得到;凸台上的凹坑使用旋转除料来生成;基本拉伸体上表面的凹坑先使用等距实体边界线得到草图轮廓,然后使用带有拔模斜度的拉伸除料来生成。

本单元除介绍连杆的造型方法之外,还介绍了利用"特征生成栏"中的"缩放"、"型腔"、"分模"命令生成连杆凹模的方法。

通过该项目的实训可使学员熟悉和掌握"整圆"、"圆弧"、"曲线裁剪"、"拉伸增料"、"等距线"、"直线"、"旋转除料"、"相关线"、"拉伸除料"、"过渡"、"曲线投影"、"打孔"、"缩放"、"型腔"、"分模"等命令的运用。

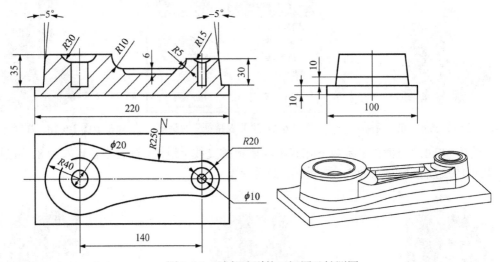

图 2-7-2 连杆造型的三视图及轴测图

2.7.2 操作流程图

连杆造型的操作流程如图 2-7-3 所示。

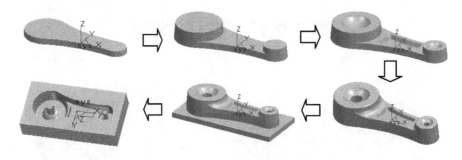

图 2-7-3 连杆造型操作流程图

2.7.3 操作步骤

1. 绘制基本拉伸体的草图

(1)创建草图:单击特征树中的图标 ◈ 平面XY → 右击 → "创建草图",进入草图绘制状态。

（2）绘制两圆：单击"曲线生成栏"中的"整圆"图标 ⊕→"立即菜单"中选择绘制圆的方式为"圆心_半径"，如图2-7-4所示→回车，在弹出的输入框中输入圆心坐标值（70,0,0）→回车→输入半径20→回车→右击，结束该圆的绘制。用同样方法输入圆心坐标值（-70,,）→回车→输入半径"40"，绘制另一圆→右击，结束该圆的绘制→右击，结束整圆命令即退出圆的绘制，结果如图2-7-5所示。

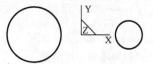

图2-7-4　绘制圆立即菜单　　　　　图2-7-5　绘制两个圆

说明

（1）状态栏、输入框中输入数字和符号时，应是"英文"状态，如下图所示。或 ⌨ 状态。

（2）输入0坐标值时，可省略"0"，例如：（-70,0,0）等同于（-70,,）。

（3）绘制相切圆弧：单击"曲线生成栏"中的"圆弧"图标 ⌒，在"特征树"下的"立即菜单"中选择绘制圆弧方式为"两点_半径"，如图2-7-6所示→按"空格键"，在弹出的"点工具菜单"中选择"T切点"→拾取两圆上方的任意位置→鼠标下移，使曲线成下凸状态→输入半径"250"→回车，完成第一条相切曲线→拾取两圆下方的任意位置→鼠标上移，使曲线成上凸状态→输入半径"250"→回车，完成第二条相切曲线，结果如图2-7-7所示。

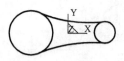

图2-7-6　绘制圆弧立即菜单　　　　　图2-7-7　绘制相切圆弧

（4）裁剪多余的线段：单击"线面编辑栏"中的"曲线裁剪"图标 ✄→在默认立即菜单选项下，如图2-7-8所示→拾取需要裁剪的圆弧上的线段，如图2-7-9所示。

（5）退出草图状态：单击"绘制草图"图标 ✎，退出草图绘制状态→按"F8"，草图轴侧图显示，如图2-7-10所示。

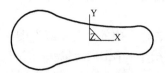

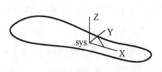

图2-7-8　曲线裁剪默认立即菜单　　图2-7-9　裁剪结果　　图2-7-10　轴侧图

2. 利用拉伸增料生成拉伸体

（1）生成基本拉伸体：单击"特征生成栏"中的"拉伸增料"图标 ⬚→在"拉伸增料"对话框中"深度"输入"10"，并选中"增加拔模斜度"复选框，输入拔模角度为"5"，如图2-7-11

所示→单击"确定",拉伸结果如图 2-7-12 所示。

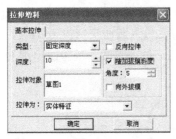
图 2-7-11 "拉伸增料"对话框

图 2-7-12 拉伸结果

（2）拉伸小凸台：单击基本拉伸体的上表面,选择该上表面为绘图基准面→右击→单击"创建草图",进入草图绘制状态,如图 2-7-13 所示。单击"整圆"图标⊕→按"空格键"→单击"C 圆心"→单击上表面小圆的边,拾取到小圆的圆心→按"空格键"→单击"E 端点"→单击上表面小圆的边,拾取到小圆的端点→右击→右击,完成草图的绘制,如图 2-7-14 所示。单击"绘制草图"图标,退出草图状态→单击 "拉伸增料"图标→在"拉伸增料"对话框中"深度"输入"10",选中"增加拔模斜度"复选框,拔模角度输入"5"→单击"确定",结果如图 2-7-15 所示。

图 2-7-13 上表面创建草图

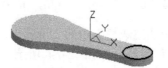
图 2-7-14 小凸台草图

图 2-7-15 小凸台拉伸结果

（3）拉伸大凸台：与拉伸小凸台步骤相同,大凸台草图如图 2-7-16 所示;"拉伸增料"对话框中输入参数：深度："15",拔模角度："5",其他设置与小凸台相同,结果如图 2-7-17 所示。

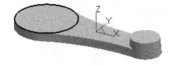
图 2-7-16 大凸台草图

图 2-7-17 大凸台拉伸结果

3．利用旋转除料生成小凸台凹坑

（1）创建草图：单击特征树中的图标◆平面xz→右击→"创建草图",进入草图绘制状态。

（2）绘制直线 1：单击"直线"图标→按"空格键"→单击"E 端点"→拾取小凸台上表面圆的端点为直线的第 1 点→按"空格键"→单击"M 中点"→拾取小凸台上表面圆的中点为直线的第 2 点,完成直线 1 的绘制。

（3）绘制直线 2：单击"曲线生成栏"中的"等距线"图标→"立即菜单"中输入距离为 10,如图 2-7-18 所示→回车→拾取直线 1→单击向上箭头→右击,将直线 1 向上等距 10,得到直线 2,如图 2-7-19 所示。

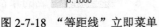
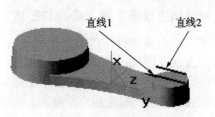

图 2-7-18 "等距线"立即菜单　　　　　图 2-7-19 等距结果

（4）绘制用于旋转除料的半圆：单击"整圆"图标⊕→按"空格键"→选择"M 中点"→单击直线 2，拾取其中点为圆心→回车→输入半径"15"→回车→右击→右击，结束圆的绘制，如图 2-7-20 所示。

（5）删除和裁剪多余的线段：拾取直线 1→右击→在弹出的菜单中选择"删除"命令，将直线 1 删除→单击"曲线裁剪"图标→单击直线 2 的两端和圆的上半部分，如图 2-7-21 所示。

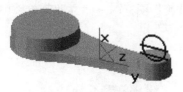
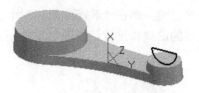

图 2-7-20 绘制圆　　　　　　　　　图 2-7-21 裁减后的效果

（6）绘制用于旋转轴的空间直线：按 F2 快捷键，退出草图状态→单击"直线"图标→按"空格键"→单击"E 端点"→拾取半圆直径的两端，绘制与半圆直径完全重合的空间直线，如图 2-7-22 所示。

（7）生成小凸台凹坑：单击"特征生成栏"中的"旋转除料"图标→"旋转"对话框的设置如图 2-7-23 所示→拾取半圆草图→拾取作为旋转轴的空间直线→单击"确定"→删除空间直线，结果如图 2-7-24 所示。

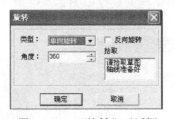

图 2-7-22 绘制空间直线　　　　图 2-7-23 "旋转"对话框　　　　图 2-7-24 "旋转除料"结果

4．利用旋转除料生成大凸台凹坑

（1）与绘制小凸台上旋转除料草图和旋转轴空间直线完全相同的方法，绘制大凸台上旋转除料的半圆和空间直线。具体参数：直线等距的距离为 20，圆的半径为 30，如图 2-7-25 所示。

（2）单击"旋转除料"图标，拾取大凸台上半圆草图和作为旋转轴的空间直线，并确定，然后删除空间直线，结果如图 2-7-26 所示。

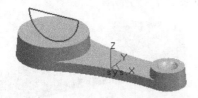

图 2-7-25 大凸台上旋转除料草图和旋转轴空间直线　　　　图 2-7-26 大凸台的凹坑

5．利用拉伸除料生成基本体上表面的凹坑

（1）创建草图：单击基本拉伸体的上表面→右击→单击"创建草图"进入草图状态。

（2）实体边界变成草图线：单击"曲线生成栏"中的"相关线"图标 →选择"立即菜单"中的"实体边界"（如图2-7-27所示）→拾取如图2-7-28所示的4条边界线。

（3）生成等距线：单击"等距线"图标 ，以等距距离10和6分别等距刚生成的草图线，如图2-7-29所示。

 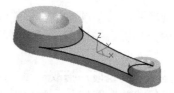

图2-7-27 "相关线"立即菜单　　　　　图2-7-28 拾取的四条边界线

（4）曲线过渡：单击"线面编辑栏"中的"曲线过渡"图标 →"立即菜单"中输入半径6→对等矩生成的曲线作过渡，如图2-7-30所示。

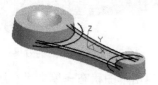 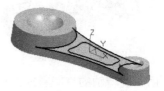

图2-7-29 等距　　　　　　　　　　图2-7-30 过渡

（5）删除多余的线段：单击"线面编辑栏"中的"删除"图标 →拾取4条边界线→右击，将四条边界线删除，结果如图2-7-31所示。

（6）拉伸除料生成凹坑：单击"绘制草图"图标 ，退出草图状态→单击"特征生成栏"中的"拉伸除料"图标 →"拉伸除料"对话框的设置如图2-7-32所示→按"确定"按钮，结果如图2-7-33所示。

 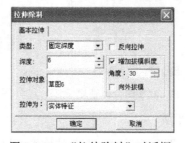 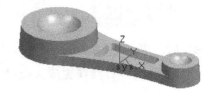

图2-7-31 删除多余的线段　　　图2-7-32 "拉伸除料"对话框　　　图2-7-33 拉伸结果

6．过渡连杆上表面的棱边

（1）单击"特征生成栏"中的"过渡"图标 →对话框中输入半径10→拾取大凸台和基本拉伸体的交线，如图2-7-34所示→按"确定"按钮，结果如图2-7-35所示。

 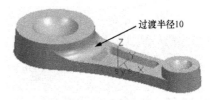

图2-7-34 拾取大凸台和基本拉伸体的交线　　　图2-7-35 过渡结果1

（2）单击"过渡"图标→对话框中输入半径为5→拾取小凸台和基本拉伸体的交线→按"确定"按钮,结果如图2-7-36所示。

（3）单击"过渡"图标→对话框中输入半径为2→拾取上表面的所有棱边→按"确定"按钮,结果如图2-7-37所示。

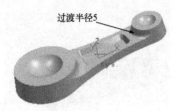
图2-7-36 过渡结果2

图2-7-37 过渡结果3

7. 利用拉伸增料延伸基本体

（1）单击基本拉伸体的下表面→右击→"创建草图",进入草图绘制状态。

（2）单击"曲线生成栏"中的"曲线投影"图标→拾取拉伸体下表面的所有棱边→右击,将所有棱边投影得到草图,如图2-7-38所示。

（3）按F2快捷键,退出草图状态→单击"拉伸增料"图标→对话框中输入深度10,取消"增加拔模斜度"复选框→按"确定"按钮,如图2-7-39所示。

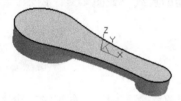
图2-7-38 将所有棱边投影得到草图

图2-7-39 拉伸结果

8. 打孔

（1）单击"打孔"图标,弹出"孔的类型"对话框→根据状态栏提示进行如下操作:

状态栏提示	操　　作
拾取打孔平面:	//单击下表面;
选择孔型:	//选择"孔的类型"对话框中第一种方式,如图2-7-40所示。
指定孔的定位点:	//在下表面任一点单击一下→按"空格键"→选择"C 圆心"→单击大圆棱边,定位点就移到大圆的圆心上→单击"下一步"按钮,弹出"孔的参数"对话框→选择通孔,输入直径值20→单击"完成"按钮,如图2-7-41所示。

（2）操作同上,打直径值为10的小孔,如图2-7-42所示。

图2-7-40 "孔的参数"对话框

图2-7-41 打大孔

图2-7-42 打小孔

9. 利用拉伸增料生成连杆电极托板

（1）单击连杆底平面→右击→"创建草图",进入草图绘制状态。

（2）按"F5"键，切换显示平面为XY面→单击"曲线生成栏"中的"矩形"图标□→输入起点坐标（-120，50，0），终点坐标（100，-50，0），如图2-7-43所示。

（3）单击"绘制草图"图标→，退出草图状态→单击"拉伸增料"图标→在对话框中输入深度为10，并取消"增加拔模斜度"复选框→按"确定"按钮→按"F8"，拉伸轴测图如图2-7-44所示。

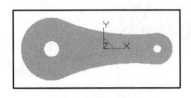
图2-7-43 绘制矩形

图2-7-44 拉伸轴侧图

10. 凹模生成

（1）单击"缩放"图标→，弹出"缩放"对话框→采用默认设置→按"确定"按钮。

（2）单击"型腔"图标→，弹出"型腔"对话框→采用默认设置→按"确定"按钮，如图2-7-45所示。

（3）单击型腔前表面→右击，弹出快捷菜单→单击"创建草图"选项→绘制通过坐标原点的直线，如图2-7-46所示→将此直线向下等距10→删除上面的直线，如图2-7-47所示。

图2-7-45 型腔

图2-7-46 通过坐标原点的直线

图2-7-47 分模草图

说明

绘制的分模草图线的两端要超出型腔。

（4）按F2快捷键，退出草图→单击"分模"图标→，弹出"分模"对话框，设置如图2-7-48所示→分模方向如图2-7-49所示→按"确定"按钮，如图2-7-50所示。

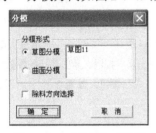
图2-7-48 "分模"对话框

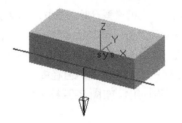
图2-7-49 分模方向

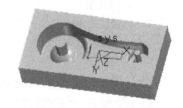
图2-7-50 分模结果

第8单元　杯盖的造型

2.8.1　项目实训说明

本实训范例杯盖的造型如图2-8-1所示，其特点是：一盘类零件，其中有两圆环形加强筋，在其上表面有16个文字。

图 2-8-1 杯盖的造型

根据杯盖造型的特点及二维视图（如图 2-8-2 所示），在构造实体时首先绘制杯盖截面草图，再利用"旋转增料"生成杯盖实体，最后利用"文字"功能在草图中生成所有文字，再利用"拉伸增料"生成突起的文字。

通过该项目的实训可使学员再熟悉"曲线生成档"中命令的运用、了解"线架显示"、"消隐显示"、"真实感显示"等显示功能，实体颜色改变的方法，掌握"旋转增料"，"拉伸增料"，"文字"等命令的运用。

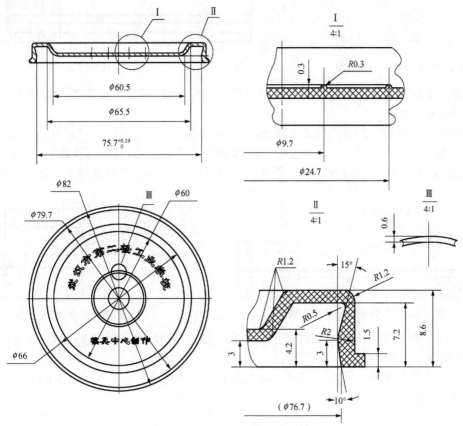

图 2-8-2 杯盖的二维视图

2.8.2 操作流程图

杯盖造型操作流程图如图 2-8-3 所示。

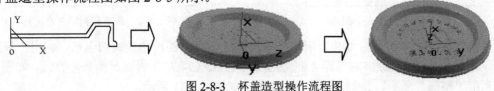

图 2-8-3 杯盖造型操作流程图

2.8.3 操作步骤

1. 杯盖的草图绘制

(1) 创建草图：单击特征树中的图标◆ 平面XZ→右击→"创建草图"，进入草图绘制状态。

(2) 绘制两条相互垂直的直线：按"F5"快捷键→单击"直线"图标 ╱→绘制两条通过坐标圆点且相互垂直的直线，如图 2-8-4 所示。

(3) 生成等距线：根据图 2-8-2 中主视图、俯视图、局部放大图Ⅱ所示的尺寸，单击"等距线"图标 ⊓→将垂直线分别向右等距 41（82/2）、39.85（79.7/2）、38.35（76.7/2）、37.85（75.7/2）、32.75（65.5/2）、30.25（60.5/2），得到 6 条垂直线→将水平线分别向上等距 8.6、7.2、4.2、3、1.5，得到 5 条水平线，如图 2-8-5 所示。

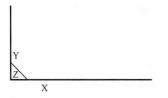
图 2-8-4 两条相互垂直的直线

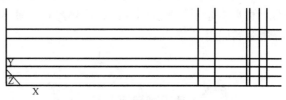
图 2-8-5 等距结果

(4) 裁剪和删除多余的线段：利用"曲线裁剪"和"删除"命令，裁剪和删除多余的线段，结果如图 2-8-6 所示。

(5) 绘制 4 条斜线：利用"直线"命令，"立即菜单"→"两点线"/"连续"/"非正交"，绘制直线①和③→"立即菜单"→"角度线"/"X 轴夹角"/"75"，绘制直线②→利用"等距线"命令，"立即菜单"为：单根曲线/等距/距离：1.5/精度：0.1000，绘制直线④，如图 2-8-7 所示。

图 2-8-6 裁剪和删除多余的线段

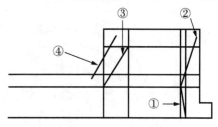
图 2-8-7 绘制 4 条斜线

(6) 过渡 6 个圆角：利用"曲线过渡"将①~⑥处分别过渡 $R2$、$R0.5$、$R1.2$、$R1.2$、$R1.2$、$R1.2$，结果如图 2-8-8 所示。

(7) 裁剪和删除多余的线段：利用"曲线裁剪"和"删除"命令，裁剪和删除多余的线段，结果如图 2-8-9 所示。

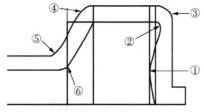
图 2-8-8 过渡 6 个圆角

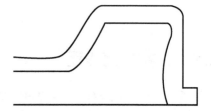
图 2-8-9 裁剪和删除多余的线段

(8) 绘制加强筋：根据图 2-8-2 所示，局部放大图Ⅰ中的尺寸绘制加强筋，利用"等距线"命令，将通过圆点的垂直线向右等距 4.85（9.7/2）、12.35（24.7/2）得到另两条垂直线，如图 2-8-10 所示；利用"整圆"命令，绘制半径为 0.3 的圆，如图 2-8-11 所示。

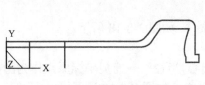

图 2-8-10　等距垂直线

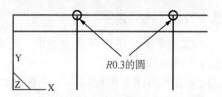

图 2-8-11　绘制半径为 0.3 的圆

（9）裁剪和删除多余的线段，如图 2-8-12 所示；按 F3 快捷方式，显示所有图形，如图 2-8-13 所示。

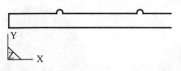

图 2-8-12　裁剪和删除多余的线段

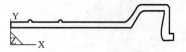

图 2-8-13　显示所有图形

（10）单击"曲线生成栏"中的"检查草图环是否闭合"图标 ，检查草图是否闭合，如不闭合继续修改；如果闭合，将弹出对话框，显示"草图不存在开口环"。

2．利用旋转增料生成杯盖实体

（1）生成杯盖实体：按 F2 快捷方式，退出草图→利用"直线"命令，"立即菜单"为：两点线/连续/正交/点方式，绘制通过圆点的垂线（轴线）→单击"特征生成栏"中的"旋转增料"图标 →拾取轴线→拾取草图，对话框设置如图 2-8-14 所示→按"确定"按钮→单击"编辑"/"隐藏"→拾取轴线→右击，如图 2-8-15 所示。

图 2-8-14　"旋转"对话框

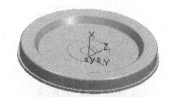

图 2-8-15　杯盖实体

（2）变换实体颜色：单击"设置"→"材质设置（M）"，弹出"材质属性"对话框→在对话框中选择"青塑料"，如图 2-8-16 所示→单击"确定"按钮，变色后的杯盖实体如图 2-8-17 所示。

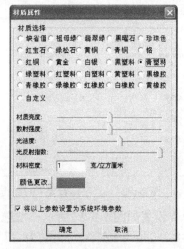

图 2-8-16　"材质属性"对话框

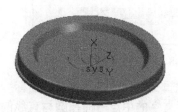

图 2-8-17　变色后的杯盖实体

3. 书写、编辑文字

（1）创建草图：单击杯盖上表面→右击→"创建草图"，如图 2-8-18 所示。

（2）绘制辅助线：

① 单击"整圆"图标⊕→"立即菜单"设置为"圆心_半径"→捕捉坐标原点作为圆心的位置→回车→输入"21"作为半径的大小→回车→右击→右击，如图 2-8-19 所示。

② 按"F5"快捷键→单击"直线"图标→"立即菜单"设置为"两点线"/"连续"/"正交"/"点方式"→捕捉圆心→鼠标右移，合适的位置单击一下，如图 2-8-20 所示。

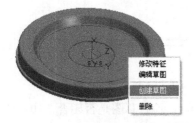

图 2-8-18　创建草图　　　图 2-8-19　绘制辅助线-圆　　　图 2-8-20　绘制辅助线-直线

③ 单击"阵列"图标→"立即菜单"设置如图 2-8-21 所示→拾取图中直线→右击→捕捉圆心点→右击，如图 2-8-22 所示。

（3）输入文字：单击"造型"→"文字（T）"→单击图上一点，弹出"文字输入"对话框，如图 2-8-23 所示→单击"设置"按钮，弹出"字体设置"对话框，字体设置如图 2-8-24 所示→单击"确定"按钮→在"文字输入"对话框中输入"武"字→单击"确定"按钮。

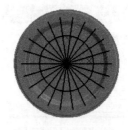

图 2-8-21　"立即菜单"设置　　　图 2-8-22　阵列结果

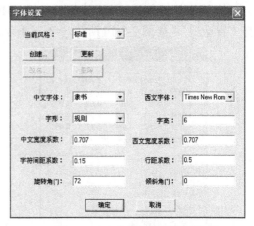

图 2-8-23　"文字输入"对话框　　　图 2-8-24　"字体设置"对话框 1

（4）编辑文字：单击"移动"图标→"立即菜单"设置如图 2-8-25 所示→框选"武"字→右击→捕捉文字的中点→捕捉圆与直线的交点，如图 2-8-26 所示→右击，如图 2-8-27 所示。

图 2-8-25 移动的"立即菜单"设置　　　　　图 2-8-26 捕捉交点

（5）完成其他文字的书写及编辑：重复上述第（3）、第（4）步骤，将"汉"、"市"、"第"、"二"、"轻"、"工"、"业"、"学"、"校"等 9 个字分别输入到如图 2-8-28 所示的位置。

图 2-8-27 移动结果　　　　　　　　　图 2-8-28 9 个字书写及编辑结果

【说明】 （1）9 个字的"字体设置"中除"旋转角"设置不同，其他设置与图 2-8-24 所示相同。

（2）9 个字"旋转角"的设置分别为：54、36、18、9、351、342、324、306、288。

（3）用同样的方法书写、编辑"模具中心制作"。"字体设置"如图 2-8-29 所示，书写、编辑结果如图 2-8-30 所示。

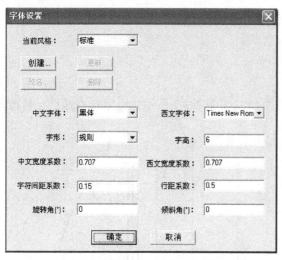

图 2-8-29 "字体设置"对话框 2　　　　　图 2-8-30 书写、编辑结果

（6）利用"删除"命令删除所有辅助线，如图 2-8-31 所示。

（7）按"F2"快捷键，退出草图→单击"拉伸增料"图标→"拉伸增料"对话框中设置，类型选择"固定深度"；深度输入"0.5"；其他参数及选项选"默认"→单击"确定"按钮，结果如图 2-8-32 所示。

图 2-8-31 删除辅助线

图 2-8-32 "拉伸增料"结果

（8）单击"消隐显示"图标 ◎，图形显示如图 2-8-33 所示。

（9）单击"真实感显示"图标 ◎，图形显示如图 2-8-1 所示。

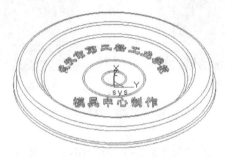

图 2-8-33 消隐显示

第 9 单元　咖啡杯造型

2.9.1　项目实训说明

本实训范例咖啡杯的造型如图 2-9-1 所示，截面尺寸如图 2-9-2 所示，造型特点是：一悬转体——杯体；一导动体——杯把。

图 2-9-1 咖啡杯的造型

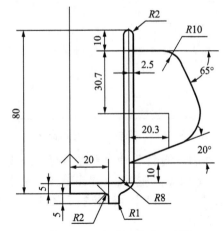

图 2-9-2 咖啡杯截面尺寸图

根据咖啡杯的造型特点，在构造实体时首先绘制杯体截面图、杯把轮廓线、杯把截面图——椭圆、过坐标原点的垂直线；杯体截面图、杯把截面图——椭圆应为草图，杯把轮廓线、过坐标原点的垂直线应为空间曲线；利用"旋转增料"生成杯体，再利用"导动增料"生成杯把，其中还要运用"曲线裁剪除料"剪去多余杯把。

通过该项目的实训可使学员再熟悉"曲线生成栏"中命令的运用、了解"曲线裁剪除料"等功能，掌握"旋转增料""导动增料"命令的运用。

2.9.2 操作流程图

咖啡杯造型操作流程如图 2-9-3 所示。

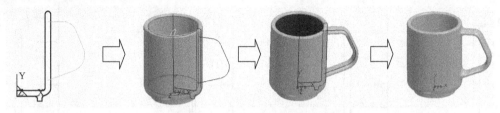

图 2-9-3 咖啡杯造型操作流程图

2.9.3 操作步骤

1. 绘制平面图形

根据图 2-9-2 所示的截面尺寸在平面 XY 上绘制平面图形。

（1）按"F5"快捷键，显示 XY 平面→单击"直线"图标 ✎→"立即菜单"采用"两点线"/"连续"/"正交"/"点方式"→捕捉坐标原点→鼠标上移合适的位置单击一下，绘制直线 1；"立即菜单"采用"两点线/连续/正交/长度方式"在"长度"一栏输入"33"→回车→捕捉坐标原点→鼠标右移单击一下→绘制直线 2；"立即菜单"采用"两点线"/"连续"/"正交"/"长度方式"在"长度"一栏输入"80"→鼠标上移单击一下，绘制直线 3，如图 2-9-4 所示。

（2）单击"曲线过渡"图标 ⌐→"立即菜单"中半径一栏输入"8"，其他参数和选项采用默认设置→单击直线 2→单击直线 3→右击，成型-过渡圆弧。单击"等距线"图标 ⇥→"立即菜单"设置为"单根曲线"/"等距"/"距离"一栏输入"5"，"精度"输入"0.1000"→单击直线 2→单击向上的箭头→单击直线 3→单击向左的箭头→单击圆弧→单击左上方的箭头→右击，如图 2-9-5 所示。

（3）单击"直线"图标 ✎→"立即菜单"采用"两点线"/"连续"/"正交"/"点方式"将倒 L 形的两端用短线连接起来，单击"等距线"图标 ⇥，将直线 2 向下等距 5→将直线 1 向右等距 20、等距 25；单击"曲线拉伸"图标 ⌐，将两垂直等距线向下拉伸，如图 2-9-6 所示。

（4）单击"曲线裁剪"图标 ✂→"立即菜单"采用"快速裁剪-正常裁剪"→单击将裁剪的线段→右击；单击"删除"图标 ⌫→单击多余直线→右击，如图 2-9-7 所示。

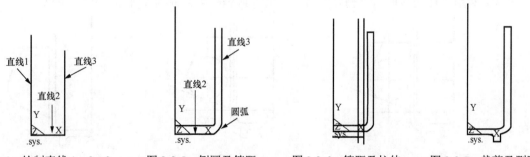

图 2-9-4 绘制直线 1、2、3　　图 2-9-5 倒圆及等距　　图 2-9-6 等距及拉伸　　图 2-9-7 裁剪及删除

（5）单击"曲线过渡"图标，倒 R1、R2 的圆，如图 2-9-8 所示。

（6）将直线 2 向上等距 15 和等距 70，得到直线 4 和直线 5，如图 2-9-9 所示。

（7）将直线 5 向下等距 30.7，得直线 6；将直线 3 向左等距 2.5，得直线 7，如图 2-9-10 所示。

（8）将直线 7 向右等距 20.3，得直线 8，如图 2-9-11 所示。

（9）单击"曲线拉伸"图标→单击直线 4→"立即菜单"选择"伸缩"→鼠标右移至合适的位置单击一下→单击直线 5→"立即菜单"选择"伸缩"→鼠标右移至合适的位置单击一下，再同样的方法将直线 6 拉伸，如图 2-9-12 所示。

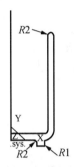  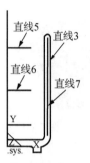 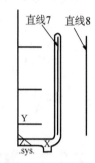

图 2-9-8　倒圆　　　图 2-9-9　等距直线 2　　　图 2-9-10　等距直线 5、直线 3　　　图 2-9-11　等距直线 7

（10）单击"直线"图标→"立即菜单"采用"角度线"/"X 轴夹角"/"角度"设置角度为"20"方式绘制斜线→捕捉直线 4 与直线 7 的交点→鼠标右上方移动，合适的位置单击一下，如图 2-9-13 所示。

（11）单击"圆"图标→捕捉直线 6 与直线 8 的交点作为圆心→按"空格键"弹出"点工具菜单"→单击"切点"→单击斜线→右击→右击，即绘制与斜线相切的圆，如图 2-9-14 所示。

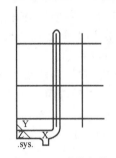 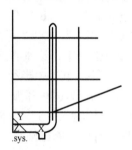 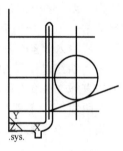

图 2-9-12　曲线拉伸　　　图 2-9-13　绘制角度=20 的斜线　　　图 2-9-14　绘制圆

（12）单击"直线"图标，"立即菜单"采用"角度线"/"X 轴夹角"/"角度"设置角度为"-65"方式绘制斜线，与圆相切，按"空格键"→单击"切点"→单击圆→按"空格键"→单击"缺省点"→鼠标左上方移动，在合适的位置单击一下，如图 2-9-15 所示。

（13）单击"曲线过渡"图标，过渡半径为 10 的圆弧，如图 2-9-16 所示。

（14）利用"曲线裁剪"、"删除"命令，剪掉或删除多余曲线，如图 2-9-17 所示。

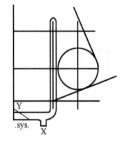 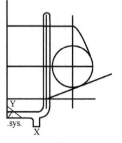 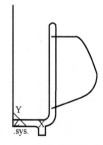

图 2-9-15　绘制角度为-65 的斜线　　　图 2-9-16　R10 过渡　　　图 2-9-17　剪掉或删除多余曲线

(15) 按 F8 快捷键→再按住鼠标中键拖动,将图形旋转至如图 2-9-18(a)所示。

(16) 单击特征树中的"平面 YZ"→右击→在快捷菜单中单击"创建草图"选项,进入草图绘制状态→单击"椭圆"图标 ⊙→"立即菜单"中"长半轴"输入"8"→回车→"短半轴"输入"3"→回车→"旋转角",输入 90°→回车→起始角、终止角采用默认参数→捕捉杯把上端点,如图 2-9-18(b)所示→右击,如图 2-9-19 所示。

(17) 单击"绘制草图"图标 ⃗,退出草图→按 F5 快捷键,XY 平面显示→单击"编辑"→"隐藏"→单击过圆点的垂线→右击,将其隐藏,如图 2-9-20 所示。

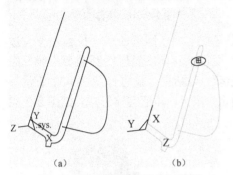 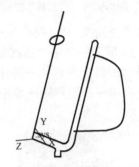 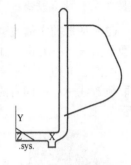

图 2-9-18 旋转图形及绘制椭圆   图 2-9-19 椭圆草图   图 2-9-20 隐藏过圆点的垂线

(18) 单击特征树中的"平面 XY"→右击→单击"创建草图"选项,进入草图绘制状态→单击"曲线投影"图标 ⌢→框选杯体轮廓线,如图 2-9-21 所示→右击,把杯体轮廓线投影到草图上,绘制过坐标原点的垂直线段,封闭倒 L 形,如图 2-9-22 所示。

(19) 单击"检查草图环是否闭合"图标 ⛰,检查草图是否闭合,如不闭合继续修改;(采用"曲线组合"、"曲线裁剪"、"删除"等进行修改)如果闭合,将弹出如图 2-9-23 所示提示框。

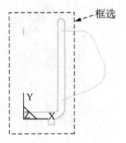 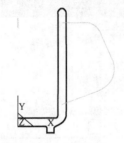 

图 2-9-21 框选杯体轮廓线   图 2-9-22 曲线投影   图 2-9-23 提示框

(20) 单击"绘制草图"图标 ⃗,退出草图。

2. 实体造型

(1) 杯体的实体造型:单击"编辑"→"可见"→单击过圆点的垂线→右击,将其显示出来,如图 2-9-24 所示。单击"旋转增料"图标 ⚙→弹出"旋转"对话框,各项设置如图 2-9-25 所示→图中单击轴线→特征树中单击草图 1→单击"确定"按钮,杯体实体形成,如图 2-9-26 所示。

(2) 创建裁剪曲面:单击"实体表面"图标 ⃞→拾取杯体的内表面,如图 2-9-27 所示→右击,生成实体的内表面,如图 2-9-28 所示。

图 2-9-24　显示垂线　　　　图 2-9-25　"旋转"对话框　　　　图 2-9-26　杯体实体形成

（3）杯把的实体造型：单击"曲线拉伸"图标 →单击杯把上端点附近曲线→鼠标左移超过椭圆单击一下→右击，如图 2-9-29 所示→单击"曲线裁剪"图标 →单击超过椭圆的那段线→右击，如图 2-9-30 所示→单击"导动增料"图标 →弹出"导动"对话框，设置如图 2-9-31 所示→拾取轨迹线→单击向右的箭头→右键→拾取草图→单击"确定"按钮，杯把实体形成，如图 2-9-32 所示。

图 2-9-27　选中实体的内表面　　图 2-9-28　实体的内表面生成　　图 2-9-29　直线拉伸

图 2-9-30　裁剪直线　　　　图 2-9-31　"导动"对话框　　　　图 2-9-32　导动结果

（4）裁剪杯把多余部分：单击"曲面裁剪除料"图标 ，弹出"曲面裁剪除料"对话框，如图 2-9-33 所示→拾取杯体内表面→勾选"除料方向选择"→单击"确定"按钮，如图 2-9-34 所示。

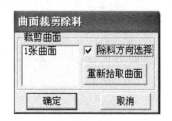 

图 2-9-33　"曲面裁剪除料"对话框　　　　图 2-9-34　裁剪杯内多余杯把延伸体

（5）隐藏所有曲线和曲面：单击"编辑"→"隐藏"→框选所有曲线和曲面→右击，将其隐藏，如图 2-9-35 所示。

（6）过渡杯把两端：单击"过渡"图标 →"过渡"对话框设置如图 2-9-36 所示→拾取杯把上下两端相关线→单击"确定"按钮，咖啡杯实体造型完成，如图 2-9-1 所示。

图 2-9-35　隐藏所有曲线和曲面

图 2-9-36　"过渡"对话框

第 10 单元　阀体的造型

2.10.1　项目实训说明

本实训范例阀体的造型如图 2-10-1 所示，二维视图及轴侧图如图 2-10-2 所示。造型特点是：自下而上由底部带左、右两凸台的底板、中部侧面带凸耳的空心圆柱体、上部前、后带缺口的环形柱体组成。

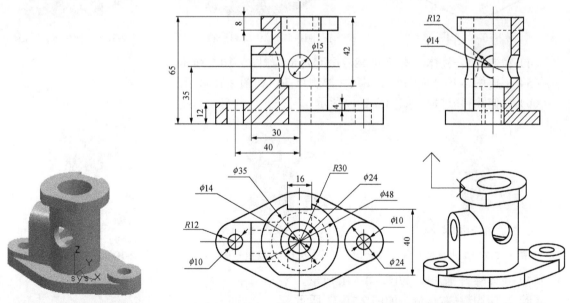

图 2-10-1　阀体的造型　　　　图 2-10-2　阀体的二维视图及轴侧图

根据阀体的造型特点，在构造实体时：底部的底板、中部圆柱体及上部圆柱体由"拉伸增料"形成；上部前、后缺口利用"拉伸除料"生成；底部左、右两凸台、中部侧面凸耳由"拉伸增料"形成；最后利用"拉伸除料"来生成各孔。

通过该项目的实训可使学员掌握复杂零件的造型方法，熟练掌握"拉伸增料"、"拉伸除料"等命令的运用。

2.10.2 操作流程图

阀体造型操作流程图如图 2-10-3 所示。

图 2-10-3　阀体造型操作流程图

2.10.3 操作步骤

（1）根据图 2-10-2 所示的俯视图尺寸，在 XOY 平面绘制草图，如图 2-10-4 所示。

（2）拉伸增料，深度为 8，如图 2-10-5 所示。

（3）拉伸增料-柱体，直径为 35，深度为 49，如图 2-10-6 所示。

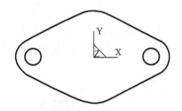　　　　　　　　

图 2-10-4　草图　　　　图 2-10-5　拉伸增料底板　　　　图 2-10-6　拉伸 φ35 柱体

（4）拉伸增料-柱体，直径为 48，深度为 8，如图 2-10-7 所示。

（5）根据图 2-10-2 中的俯视图尺寸绘制草图，如图 2-10-8 所示。

（6）拉伸除料-过程，如图 2-10-9 所示。

图 2-10-7　拉伸 φ48 柱体　　　　图 2-10-8　绘制草图　　　　图 2-10-9　拉伸除料的过程

（7）拉伸除料-结果，如图 2-10-10 所示。

（8）拉伸增料-右凸台，如图 2-10-11 所示。

（9）拉伸增料-左凸台，如图 2-10-12 所示。

（10）绘制凸耳草图，如图 2-10-13 所示。

 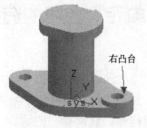 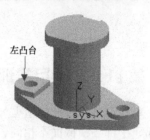

图 2-10-10　拉伸除料的结果　　图 2-10-11　拉伸右凸台　　图 2-10-12　拉伸左凸台

（11）拉伸增料-凸耳，如图 2-10-14 所示。
（12）拉伸除料-柱体，直径为 24，深度为 42，如图 2-10-15 所示。

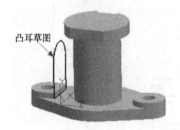  

图 2-10-13　凸耳草图　　图 2-10-14　拉伸凸耳　　图 2-10-15　拉伸除料ϕ24 的柱体

（13）拉伸除料的结果，如图 2-10-16 所示。
（14）拉伸除料-柱体，直径为 14，深度为贯穿，如图 2-10-17 所示。
（15）拉伸除料-柱体，直径为 14，深度为 23，如图 2-10-18 所示。

 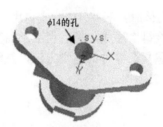 

图 2-10-16　拉伸除料的结果　　图 2-10-17　拉伸除料ϕ14 的柱体　　图 2-10-18　拉伸除料ϕ14 的水平柱体

（16）拉伸除料ϕ14 的水平柱体结果，如图 2-10-19 所示。
（17）双向拉伸ϕ15 的通孔，如图 2-10-20 所示。

图 2-10-19　拉伸除料ϕ14 的水平柱体结果　　图 2-10-20　双向拉伸ϕ15 的两通孔

（18）拉伸除料结果如图 2-10-1 所示。

第 11 单元 药瓶的造型

2.11.1 项目实训说明

本实训范例药瓶的造型如图 2-11-1 所示，其二维视图及轴侧图如图 2-11-2 所示。造型特点是：下部、中部各横截面不相同、上部为圆柱体，底部有一凹坑。

图 2-11-1 药瓶的造型

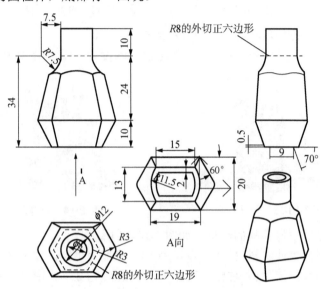

图 2-11-2 药瓶的二维视图及轴侧图

根据药瓶的造型特点，在构造实体时：下部、中部实体由"放样增料"形成；上部实体由"拉伸增料"形成；底部凹坑由"拉伸除料"形成；最后利用"抽壳"来生成瓶腔。

通过该项目的实训可使学员掌握复杂零件的造型方法，熟练掌握"放样增料"、"拉伸除料"、"拉伸增料"、"构造基准面"等命令的运用。

2.11.2 操作流程图

花瓶造型操作流程如图 2-11-3 所示。

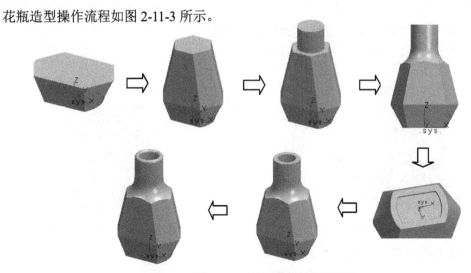

图 2-11-3 花瓶造型操作流程图

2.11.3 操作步骤

1. 绘制瓶底外轮廓草图

（1）根据图 2-11-2 所示的 A 向视图尺寸，以平面 XY 为基面绘制瓶底外轮廓草图线：按"F5"快捷键，显示 XY 平面→单击特征树中的图标 ◈ 平面XY→右击→"创建草图"，进入草图绘制状态→以瓶底外轮廓的中心点作为坐标原点，绘制瓶底外轮廓，如图 2-11-4 所示。

（2）按"F8"快捷键，轴测图显示→按"F2"快捷键，退出草图，如图 2-11-5 所示。

2. 绘制距离瓶底 10mm 药瓶横截面轮廓草图

（1）构造基准面：单击"构造基准面"图标 ◈，弹出"构造基准面"对话框→选择"构造方法"选项中"等距平面确定基准平面"→"距离"中输入"10"→"构造条件"：在特征树中单击图标 ◈ 平面XY，如图 2-11-6 所示→单击"确定"按钮，如图 2-11-7 所示；在特征树中显示如图 2-11-8 所示。

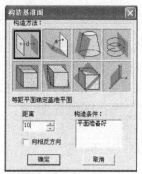
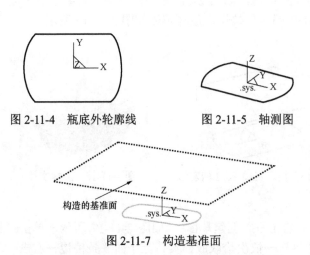
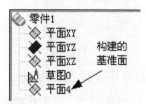

图 2-11-4　瓶底外轮廓线　　图 2-11-5　轴测图　　图 2-11-6　"构造基准面"对话框

图 2-11-7　构造基准面　　图 2-11-8　特征树中显示

（2）创建草图：单击特征树中的图标 ◈ 平面4→右击→"创建草图"，进入草图绘制状态→按"F5"快捷键，将在距离瓶底 10mm 处绘制草图。

（3）根据图 2-11-2 所示的 A 向视图尺寸，绘制距离瓶底 10mm 处药瓶横截面（药瓶最大截面处）轮廓草图线，如图 2-11-9 所示。

（4）单击"曲线组合"图标 ↪→"立即菜单"选择"删除原曲线"→按空格键→弹出"拾取菜单"，如图 2-11-10 所示，单击"限制链拾取"→拾取左下部斜线，如图 2-11-11 所示→单击斜向上箭头→拾取左上部斜线→右击，将左部三条曲线（左下部斜线、圆弧、左上部斜线）组合成一条曲线，如图 2-11-12 所示；同样的方法将右部三条曲线组合成一条曲线。

（5）按"F8"快捷键，轴测图显示→按"F2"快捷键，退出草图，如图 2-11-13 所示。

【说明】　下一步将进行"放样"形成实体，而"放样"的两草图中曲线数量要相等，否则将产生扭曲，所以我们将距离瓶底 10mm 横截面一部分轮廓草图线进行了组合，使 8 条曲线变成 4 条曲线。

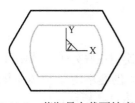
图 2-11-9 药瓶最大截面轮廓线

图 2-11-10 "拾取菜单"
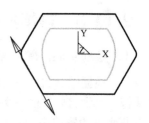
图 2-11-11 拾取左下部斜线

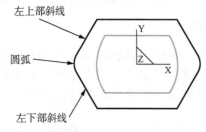
图 2-11-12 三条曲线组合成一条曲线
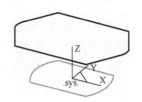
图 2-11-13 轴测图显示两草图

3．运用"放样增料"形成部分实体

单击"放样增料"图标，弹出"放样"对话框，如图 2-11-14 所示→单击直线 1 的左边→单击直线 2 的左边，如图 2-11-15 所示→单击"确定"按钮，放样实体如图 2-11-16 所示。

图 2-11-14 "放样"对话框
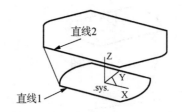
图 2-11-15 拾取直线 1、2 的左边

图 2-11-16 放样实体

4．药瓶中间段实体形成

（1）绘制草图 1：单击放样实体上平面→右击→"创建草图"，如图 2-11-17 所示→单击"相关线"图标 →"立即菜单"选择"实体边界"→依次拾取放样实体上平面 4 条棱边→右击→单击"绘制草图"图标 ，退出草图。

（2）创建基准面：单击"构造基准面"图标 ，弹出"构造基准面"对话框→选择"构造方法"："等距平面确定基准平面"→"距离"中输入 34→"构造条件"：在特征树中单击 平面XY→单击"确定"按钮，如图 2-11-18 所示。

图 2-11-17 创建草图
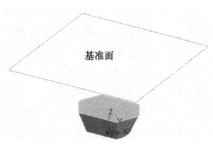
图 2-11-18 创建基准面

(3) 在创建基准面上绘制草图 2：单击特征树中的（2）步骤创建的基准面→右击→"创建草图"，进入草图绘制状态→按"F5"快捷键，将在距离瓶底 34mm 处绘制草图。根据图 2-11-2 所示的俯视图虚线尺寸绘制草图，单击"正多边形"图标 →"立即菜单"设置为"中心"/"边数=6"/"外切"→捕捉坐标原点→输入 8→回车→右击，正六边形绘制完毕，如图 2-11-19 所示→单击"平面旋转"图标 →"立即菜单"设置为"固定角度"/"移动"/"角度=30"→捕捉坐标原点作为旋转中心→框选正六边形作为旋转元素→右击→右击，如图 2-11-20 所示→利用"圆弧过渡"命令将正六边形左、右两尖角过渡，如图 2-11-21 所示→利用"曲线组合"命令将正六边形左右两边的三条曲线组合成一条曲线，如图 2-11-22 所示→按"F8"快捷键，轴测图显示→按"F2"快捷键，退出草图，如图 2-11-23 所示。

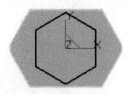 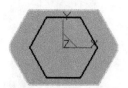 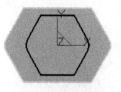

图 2-11-19 正 6 边形　　　　图 2-11-20 旋转正六边形　　　　图 2-11-21 过渡

(4) 放样形成实体：利用"放样增料"命令形成实体，如图 2-11-24 所示。

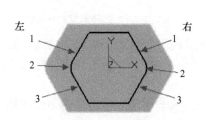 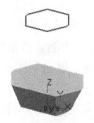 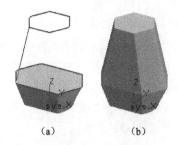

图 2-11-22 "曲线组合"　　　图 2-11-23 轴测图　　　　图 2-11-24 放样结果

5. 药瓶上部分实体形成

单击实体的上表面→右击→"创建草图"，进入草图绘制状态→单击"整圆"图标 →"立即菜单"设置："圆心/半径"→单击坐标原点作为圆心→输入 6 作为半径→回车→右击→右击，如图 2-11-25 所示→单击"绘制草图"图标 ，退出草图→单击"拉伸增料"图标 →对话框设置，深度为 10，其他采用默认设置→单击"确定"按钮，如图 2-11-26 所示。

图 2-11-25 绘制草图圆　　　　　　图 2-11-26 "拉伸增料"

6. 药颈圆弧部分形成

（1）按"F7"快捷键，XZ 平面显示→单击"直线"图标 ✎ →"立即菜单"设置为"两点线"/"连续"/"正交"/"点方式"→捕捉坐标原点→鼠标上移合适的位置单击一下→右击，绘制直线 1；用同样的方法绘制直线 2，如图 2-11-27 所示。

（2）单击"等距线"图标 →"立即菜单"设置为"单根曲线"/"等距"/"距离设置为 13.5"/"精度"设置为"默认"→拾取直线 1→在直线 1 左侧单击一下→右击；同样的方法，将直线 2 向上等距 34，如图 2-11-28 所示。

（3）利用"整圆"命令，绘制圆心在两等距线的交点，半径为 7.5 的圆，如图 2-11-29 所示。

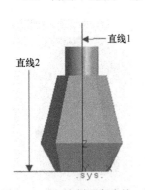
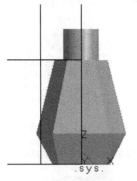
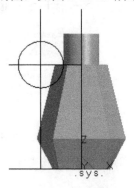

图 2-11-27　绘制两条直线　　　图 2-11-28　"等距线"结果　　　图 2-11-29　绘圆

（4）单击特征树中的平面 XZ→右击→"创建草图"，进入草图绘制状态→单击"曲线投影"图标 →拾取圆→右击→按"F2"快捷键，退出草图→单击"删除"图标 →拾取要删除的对象→右击，如图 2-11-30 所示。

（5）单击"旋转除料"图标 →拾取直线作为旋转轴线→拾取草图圆→单击"确定"按钮，如图 2-11-31 所示。

（6）单击"编辑"→"隐藏"→框选所有图形→右击，隐藏的结果如图 2-11-32 所示。

图 2-11-30　"删除"　　　图 2-11-31　"旋转除料"　　　图 2-11-32　"隐藏"

7. 瓶底凹坑的形成

（1）将鼠标中键按住拖动，使实体旋转瓶底朝上→单击瓶底平面→右击→"创建草图"，如图 2-11-33 所示→单击"相关线"图标 →"立即菜单"选择"实体边界"→拾取底面的 4 条棱边→右击→单击"等距线"图标 →距离输入"2"→回车→分别拾取 4 条草图线，单击指向图形里面的箭头→右击，如图 2-11-34 所示→利用"曲线裁剪"和"删除"的命令将不要的线删除和剪掉，如图 2-11-35 所示。

 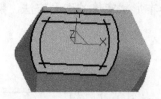 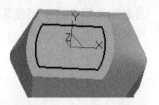

图 2-11-33 "创建草图"　　　图 2-11-34 生成草图线、等距　　　图 2-11-35 删除和裁剪

（2）单击"拉伸除料"图标 → 对话框中"基本拉伸"参数的设置如图 2-11-36 所示 → 单击"确定"按钮，如图 2-11-37 所示。

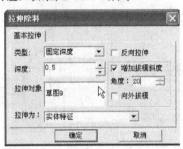 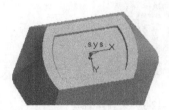

图 2-11-36 "拉伸除料"对话框　　　图 2-11-37 "拉伸除料"结果

8. 抽壳

（1）将鼠标中键按住拖动，使实体旋转瓶口朝上 → 单击"抽壳"图标 → 拾取瓶口面 → 厚度输入"2" → 单击"确定"按钮，如图 2-11-38 所示 → 单击"线架显示"图标，如图 2-11-39 所示。

（2）单击"真实感显示"图标 → 单击"过渡"图标 → 拾取瓶口上表面，如图 2-11-40 所示 → 半径输入 1 → 单击"确定"按钮，如图 2-11-1 所示。

图 2-11-38 "抽壳"结果　　　图 2-11-39 "线架显示"　　　图 2-11-40 拾取瓶口上表面

第 12 单元　夹具体的造型

2.12.1　项目实训说明

本实训范例夹具体的造型如图 2-12-1 所示，夹具体二维视图及轴侧图如图 2-12-2 所示。造型的特点是：由基本形状实体组成，比如：立方体，圆柱体等，由这些基本形状实体通过加或减得到的实体。

根据支架的造型特点，在构造实体时：运用"拉伸增料"、"拉伸除料"命令形成支架实体。

通过该项目的实训可使学员掌握基本形状实体的造型方法，熟练掌握"拉伸增料"、"拉伸除料"等命令的运用。

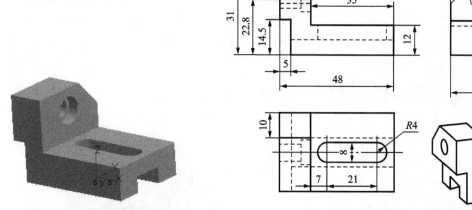

图 2-12-1 夹具体的造型

图 2-12-2 夹具体的二维视图及轴侧图

2.12.2 操作流程图

夹具体造型操作流程如图 2-12-3 所示。

图 2-12-3 夹具体造型操作流程图

2.12.3 操作步骤

（1）以 XY 平面为基准面创建草图，绘制长为 48，宽为 32 的矩形草图，如图 2-12-4 所示。

（2）利用"拉伸增料"命令生成一个立方体。高度为 31，结果如图 2-12-5 所示。

（3）以前平面为草图平面，绘制一封闭草图，矩形的 X 方向尺寸为 35，Y 方向尺寸为 19，如图 2-12-6 所示。

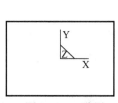

图 2-12-4 草图

图 2-12-5 拉伸结果

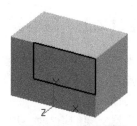

图 2-12-6 封闭草图

(4) 利用"拉伸除料"命令减去一个立方体。"深度"设为"贯穿",结果如图 2-12-7 所示。

(5) 以前平面为草图平面,绘制一封闭草图,矩形的 X 方向尺寸为 5,Y 方向尺寸为 14.5,如图 2-12-8 所示。

(6) 利用"拉伸除料"命令减去一立方体。"深度"为"贯穿",结果如图 2-12-9 所示。

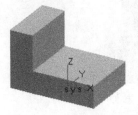
图 2-12-7　拉伸除料结果

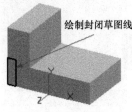
图 2-12-8　草图

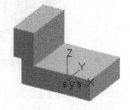
图 2-12-9　拉伸除料结果

(7) 以右平面为草图平面,绘制一封闭草图,矩形的 X 方向尺寸为 12,Y 方向尺寸为 6,如图 2-12-10 所示。

(8) 利用"拉伸除料"命令减去一立方体。"深度"为"贯穿",结果如图 2-12-11 所示。

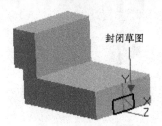
图 2-12-10　封闭草图

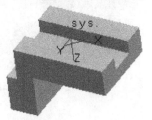
图 2-12-11　拉伸除料结果

(9) 以上平面为草图平面,根据图 2-12-2 所示俯视图尺寸,绘制一封闭草图,如图 2-12-12 所示。

(10) 利用"拉伸除料"命令减去一立方体。"深度"为"贯穿",如图 2-12-13 所示。

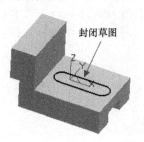
图 2-12-12　封闭草图

图 2-12-13　拉伸除料结果

(11) 以左平面为草图平面,根据图 2-12-2 所示左视图尺寸,绘制一直径为 7 草图圆,如图 2-12-14 所示。

(12) 利用"拉伸除料"命令生成一空心圆柱体。"深度"为 9,如图 2-12-15 所示。

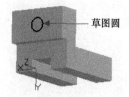
图 2-12-14　直径为 7 的草图圆

图 2-12-15　拉伸除料结果

（13）以直径为 7 的平面为草图平面，绘制一直径为 10 的草图圆，如图 2-12-16 所示。
（14）利用"拉伸除料"命令生成一空心圆柱体。"深度"为大于 4 的任何值，比如"9"，如图 2-12-17 所示。

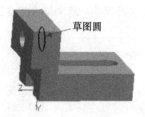
图 2-12-16　直径为 10 的草图圆

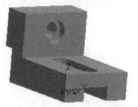
图 2-12-17　拉伸除料

（15）根据图 2-12-2 所示尺寸，绘制封闭草图：三角形，如图 2-12-18 所示。
（16）利用"拉伸除料"命令，"深度"设为"贯穿"，形成如图 2-12-19 所示的实体。

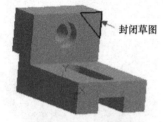
图 2-12-18　封闭草图

图 2-12-19　拉伸除料结果

第 13 单元　支座 1 的造型

2.13.1　项目实训说明

本实训范例支座的造型如图 2-13-1 所示，二维视图及轴侧图如图 2-13-2 所示。造型的特点是：支座 1 由一些基本形状实体组合成的实体，比如：立方体，圆柱体、半圆柱体等，由这些基本形状实体通过加或减得到的造型实体。

图 2-13-1　支座 1 的造型

根据支座 1 的造型特点：在构造实体时，运用"拉伸增料"、"拉伸除料"命令形成支座 1 实体操作流程。

通过该项目的实训可使学员进一步掌握基本形状实体的造型方法，熟练掌握"拉伸增料"、"拉伸除料"等命令的运用。

2.13.2　操作流程图

支座 1 造型操作流程如图 2-13-3 所示。

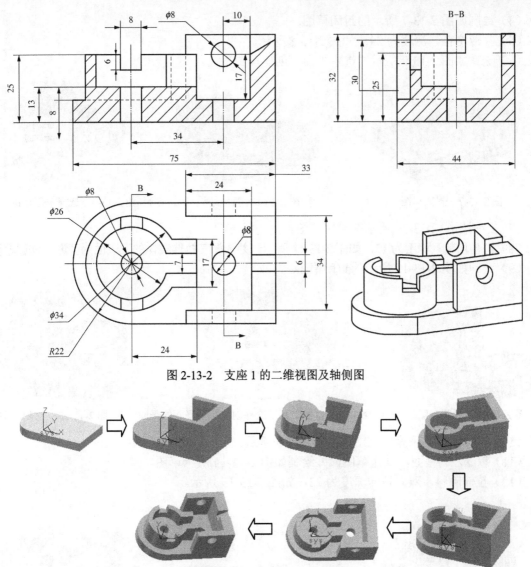

图 2-13-2 支座 1 的二维视图及轴侧图

图 2-13-3 支座 1 造型操作流程图

2.13.3 操作步骤

根据图 2-13-2 所示二维视图中的尺寸：
(1) 以 XY 为草图平面绘制封闭草图，如图 2-13-4 所示。
(2) 拉伸增料，深度为 8，如图 2-13-5 所示。
(3) 选择上表面创建草图平面，如图 2-13-6 所示。

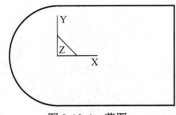

图 2-13-4 草图

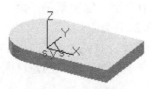

图 2-13-5 拉伸结果

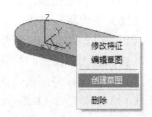

图 2-13-6 选择平面为草图平面

(4)绘制如图 2-13-7 所示的封闭草图。
(5)拉伸增料,深度为 24,如图 2-13-8 所示。
(6)选择如图 2-13-9 所示的选中平面,创建草图平面。

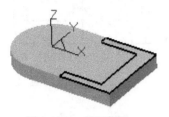 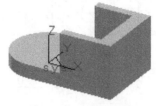 

图 2-13-7　封闭草图　　　　图 2-13-8　拉伸结果　　　　图 2-13-9　选择平面草图平面

(7)绘制如图 2-13-10 所示的封闭草图。
(8)拉伸增料,深度为 17,如图 2-13-11 所示。并选择其拉伸实体的上表面为基面,创建草图。
(9)绘制如图 2-13-12 所示的封闭草图。

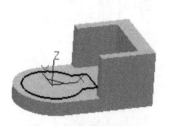

图 2-13-10　封闭草图　　图 2-13-11　拉伸结果及选择创建草图平面的平面　　图 2-13-12　封闭草图

(10)拉伸除料,深度为 12,如图 2-13-13 所示。
(11)以 XZ 为基面,创建草图,并绘制如图 2-13-14 所示草图。
(12)拉伸除料,双向拉伸深度为 22,如图 2-13-15 所示。

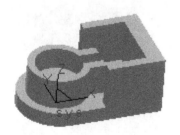 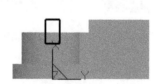 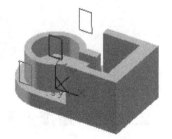

图 2-13-13　拉伸除料结果　　　图 2-13-14　绘制草图　　　图 2-13-15　双向拉伸除料

(13)拉伸除料结果,如图 2-13-16 所示。
(14)以如图 2-13-17 所示选中平面创建草图平面。
(15)绘制草图圆,如图 2-13-18 所示。
(16)拉伸除料结果,打一直径为 8 的孔,如图 2-13-19 所示。
(17)以如图 2-13-20 所示选中平面,创建草图平面。
(18)绘制草图圆,如图 2-13-21 所示。
(19)拉伸除料结果,深度为贯穿,打两个直径为 8 的通孔,如图 2-13-22 所示。
(20)以如图 2-13-23 所示选中平面为基面,创建草图平面。

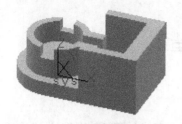  

图 2-13-16　拉伸除料结果　　图 2-13-17　创建草图平面　　图 2-13-18　绘制草图圆

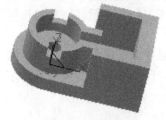  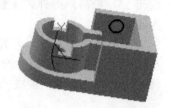

图 2-13-19　拉伸除料结果　　图 2-13-20　选中平面创建草图平面　　图 2-13-21　绘制草图圆

（21）绘制草图圆，如图 2-13-24 所示。

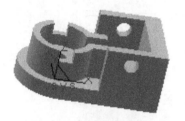  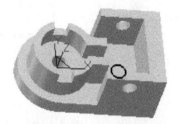

图 2-13-22　拉伸除料结果　　图 2-13-23　选中平面创建草图平面　　图 2-13-24　绘制草图圆

（22）拉伸除料结果，深度为贯穿，打一直径为 8 的通孔，如图 2-13-25 所示。

（23）以 XZ 为基面创建草图，绘制如图 2-13-26 所示的草图。

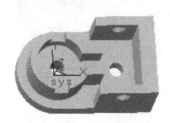 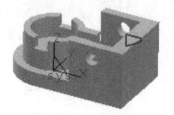

图 2-13-25　拉伸除料结果　　　　图 2-13-26　绘制草图

（24）拉伸除料，双向拉伸深度为 6，如图 2-13-27 所示。

（25）双向拉伸除料结果，如图 2-13-28 所示。实体造型结束如图 2-13-1 所示。

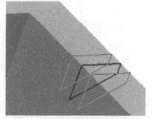 

图 2-13-27　双向拉伸除料　　　　图 2-13-28　双向拉伸除料结果

第 14 单元　风扇的线架造型

2.14.1　项目实训说明

本实训范例风扇的形状如图 2-14-1 所示。造型特点是：基体由直线与圆弧连接的曲线构成，如图 2-14-2（a）所示。风叶的截面规律如图 2-14-2（b）所示，其中内边缘截面是图 2-14-2（b）旋转 15°所得，而外边缘截面是图 2-14-2（b）旋转 40°所得如图 2-14-2（c）所示。风叶的长度为 40mm。

风扇的造型思路：在 XOZ 平面上做出图 2-14-2（a）的母线，同时在此平面上做出风扇叶的基本截面，并在内边缘上分别按规定的角度旋转生成叶型的两个截面。在此基础上应用曲线的几何变换的有关指令，生成风扇基体以及风叶的线框造型。

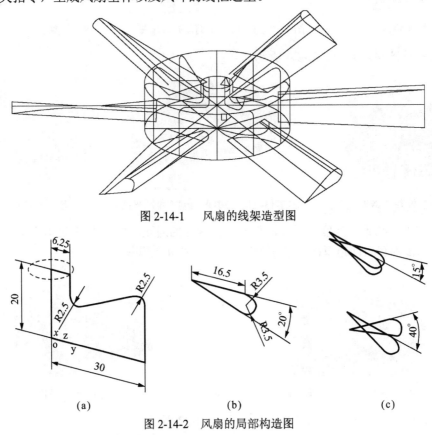

图 2-14-1　风扇的线架造型图

(a)　　　　　(b)　　　　　(c)

图 2-14-2　风扇的局部构造图

2.14.2　操作流程图

风扇的线架造型操作流程如图 2-14-3 所示。

2.14.3　操作步骤

1. 在 XOZ 平面，按图所示尺寸做出基体截面

（1）单击"直线"图标 ✏，选择正交方式下的长度方式，分别填入 20 和 30，生成两条正交直线。如图2-14-4（a）所示。

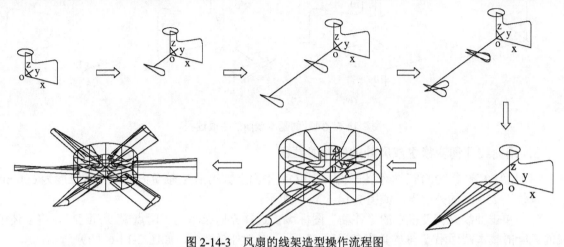

图2-14-3　风扇的线架造型操作流程图

（2）用"F9"选择 XOY 平面为作图平面，单击"圆"图标⊕，选择"圆心_半径"方式，单击长度为 20 的直线的上端点为圆心点，输入半径值为 6.25，做出一个 ϕ13.5 的整圆。如图 2-14-4（b）所示。

（3）选择"XOZ 平面"为作图平面，单击"直线"图标，选择正交方式下的点方式，做出长度为 30 的右端点的正交直线，长度为 20mm；同时做出 ϕ13.5 的圆在 X 轴向端点的正交直线，长度值为 10mm。如图 2-14-4（c）所示。

（4）单击"直线"图标，选择非正交方式下的点方式做出两正交直线的连线。如图 2-14-4（d）所示。

（5）单击"曲线过渡"图标，输入过渡半径为 2.5，即生成基体截面。如图 2-14-4（e）所示。

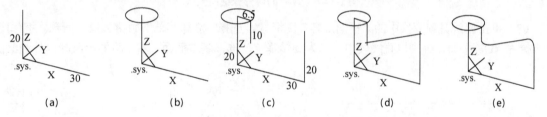

(a)　　　　(b)　　　　(c)　　　　(d)　　　　(e)

图2-14-4　风扇基本截面的生成过程

2. 在 XOZ 平面上做出风叶的的基本截面

（1）用"F9"选择"XOY 平面"为作图平面，在 XOY 平面上做出沿负 Y 轴方向的直线，长度为 25mm。如图 2-14-5（a）所示。

（2）按"F9"将作图平面切换到"XOZ 平面"→单击"直线"图标，选择正交方式下的长度方式→按长度 20 mm 生成水平线，其中点在 25mm 的端点上；同时画出长度为 10mm 的右端点的正交直线。如图 2-14-5（b）所示。

（3）单击"直线"图标，选择角度线方式，输入与已知直线成−20°的角度，生成角度线。如图 2-14-5（c）所示。

（4）单击"曲线过渡"图标，输入过渡圆半径为 3.5，生成风叶的内缘截面。注意对多余的线进行删除和裁剪。如图 2-14-5（d）所示。

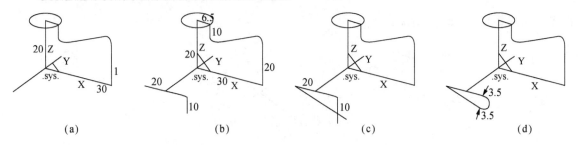

图 2-14-5　风叶的基本截面的生成过程

3. 用曲线几何变换生成风叶的内外缘截面

（1）用"F9"选择"XOY"为作图平面，在 XOY 平面上做出沿 Y 轴负方向的直线长度为 60mm。起始点位于 25mm 的外端点。如图 2-14-6（a）所示。

（2）单击曲线几何变换中的"移动"图标，选择立即菜单为"两点/拷贝/正交"，将上述生成的风叶的基本截面沿 Y 轴的负方向平移 60mm，作为外缘截面。如图 2-14-6（b）所示。

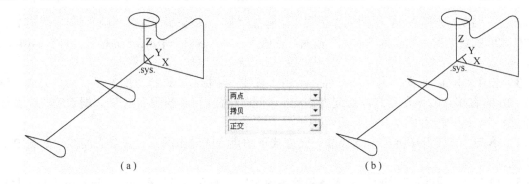

图 2-14-6　风叶的内外缘截面生成

（3）单击曲线几何变换中的"平面旋转"图标，选择"立即菜单"如图 2-14-7 所示。把作图平面选择为 XOZ 平面，分别以直线段中点作为旋转基点，选择基本截面，右击后即得风叶内外缘截面。

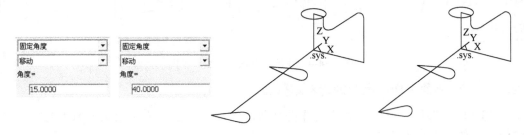

图 2-14-7　风扇的基体与风叶的基本造型

（4）先在 XOZ 平面的-Z 方向上做出长度为 10mm 的正交线，然后单击"移动"图标，选择"立即菜单"为"两点"/"移动"/"非正交"，以-Z 方向的下端点为基点，使整个基体下移。再在 XOZ 平面上做出风叶相应连线，而在 XOY 平面上做出基体整圆，如图 2-14-8 所示。通过上述操作，将风扇基体部分往下平移 10mm，使风叶位于基体中间。

（4）单击曲线几何变换中的"旋转"图标，选择"立即菜单"为"拷贝"，把基体曲线按 12 份、角度 30°，以 Z 轴为旋转轴复制，生成基体的线框造型。然后单击曲线几何变换中的"阵列"图标，选择"立即菜单"中的圆形阵列方式，按 6 份生成风叶，如图 2-14-9 所示。

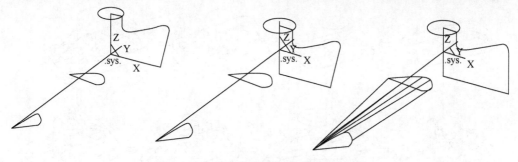

图 2-14-8 风扇的基体与风叶的基本造型

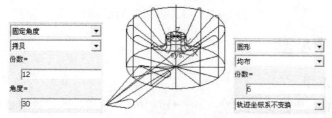

图 2-14-9 风扇的线架造型

第 15 单元 支座 2 线架造型

2.15.1 项目实训说明

本实训范例支座 2 的线架造型如图 2-15-1 所示，实体图及尺寸如图 2-15-2 所示。造型的特点是：该零件由底板、圆柱体、筋板、槽和孔组成，在线架造型时首先完成底板及圆柱体的空间线架造型，然后做筋板，圆柱体上的孔与圆柱上部的槽。重点介绍筋板与圆柱体相贯线的做法，圆柱体与孔的相贯线的做法。

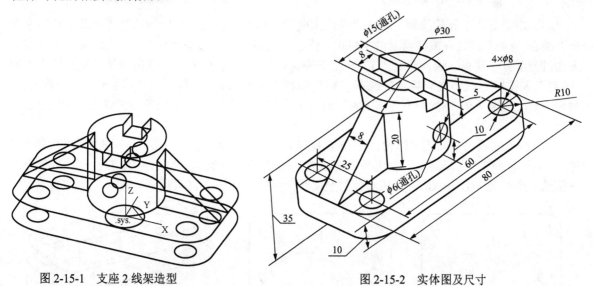

图 2-15-1 支座 2 线架造型　　　　　图 2-15-2 实体图及尺寸

2.15.2 操作流程图

支座线架造型的操作流程如图 2-15-3 所示。

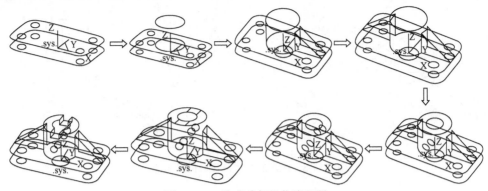

图 2-15-3 支座线架操作流程图

2.15.3 操作步骤

1. 底板的线架造型

（1）矩形绘制。单击"曲线生成栏"中的"矩形"□图标→在"立即菜单"中选择"中心_长宽"→输入："长度"=80.00→"宽度"=45.00→回车→在弹出的对话框内输入矩形中心点的坐标（0，0，0）→回车确认，如图 2-15-4 所示。

（2）过渡圆弧的绘制。单击"线面编辑栏"中的"过渡"⌐图标→在"立即菜单"中选择"圆弧过渡"→输入半径"10.00"→"裁减曲线 1-裁减曲线 2"→拾取矩形的各相邻两条线，过渡圆弧即形成。如图 2-15-5 所示。

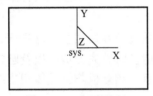
图 2-15-4 矩形绘制

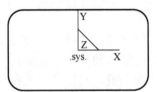
图 2-15-5 圆弧过渡后结果

（3）底板上 4 个孔的绘制。单击"曲线生成栏"中的"整圆"图标⊕→在"立即菜单"中选择"圆心_半径"方式→按键盘上的空格键，弹出点工具菜单，选择"圆心"→在绘图区拾取左下角的过渡圆弧→回车→输入半径"4"→回车确认，如图 2-15-6 所示→单击"几何变换栏"中的"阵列"图标→在"立即菜单"选择"矩形阵列"→输入："行数=2、行距=25、列数=2、列距=60、角度=0"→拾取左下角 R4 的圆→右击确认，系统自动生成其他三个圆。如图 2-15-7 所示。

（4）构造底板的空间线架结构。按 F8 快捷键，轴测图显示方式。单击"几何变换栏"中的"平移"图标→在"立即菜单"中选择"偏移量-拷贝"方式→输入："DX=0、DY=0、DZ=10"→框选整个图形→右击确认，完成底板的空间线架结构。如图 2-15-8 所示。

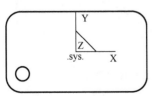
图 2-15-6 R4 整圆绘制

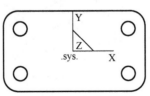
图 2-15-7 阵列后结果

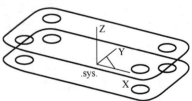
图 2-15-8 底板的线架结构

2. 圆柱体及筋板的空间线架结构

（1）构造圆柱体的空间线架结构。单击"曲线生成栏"中的"整圆" ⊙ 图标→在"立即菜单"中选择"圆心_半径"方式→回车→在弹出的对话框内输入圆心点的坐标（0，0，10）→回车确认→回车→输入半径为"15"→回车确认，如图 2-15-9 所示。

（2）单击"几何变换栏"中的"平移" 图标→在"立即菜单"中选择"偏移量-拷贝"方式→输入："DX=0，DY=0，DZ=25"→选择 R15 的圆→单击鼠标右键确认，完成圆柱体的空间线架结构。如图 2-15-10 所示。

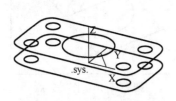
图 2-15-9　φ30 整圆绘制

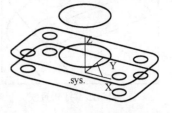
图 2-15-10　圆柱体的线架结构图

（3）构造筋板的空间线架结构。单击"曲线生成栏"中的"直线" ╱ 图标→在"立即菜单"中选择"两点线-连续-正交-点方式"→捕捉底板上表面 R15 的圆的圆心点→移动鼠标使直线沿 X 轴正方向，捕捉直线中点，完成筋板对称中心直线的绘制，如图 2-15-11 所示。

（4）按"F9"快捷键，将作图平面转换到 XY 平面。单击"曲线生成栏"中的"等距线" 图标→在"立即菜单"中选择"单根曲线"/"等距"方式→输入距离为 4→拾取前一步绘制的直线→选择朝 Y 轴正方向为等距方向→拾取前一步绘制的直线→选择朝 Y 轴负方向为等距方向，将对称的两条直线完成，如图 2-15-12 所示。

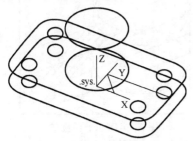
图 2-15-11　筋板直线绘制

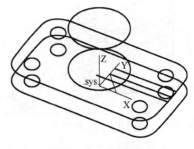
图 2-15-12　等距直线

（5）单击"线面编辑栏"中的"删除"图标 →拾取筋板对称中心的直线→右击确定→单击"线面编辑栏"中的"曲线裁剪"图标 →在"立即菜单"中选择"快速裁减"/"正常裁减"→拾取圆内直线裁减，结果如图 2-15-13 所示。

（6）单击"几何变换栏"中的"平移"图标 →在"立即菜单"中选择"偏移量"/"拷贝"方式→输入："DX=0，DY=0，DZ=20"→选中底板上表面 R15 的圆→右击确认。如图 2-15-14 所示。

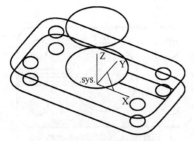
图 2-15-13　曲线编辑

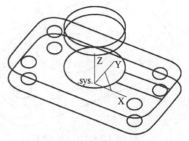
图 2-15-14　平移整圆

（7）单击"线面编辑栏"中的"打断"图标→拾取与刚才所作的两条直线相交的直线→拾取筋板直线与该直线的交点→再拾取一次直线→拾取筋板直线与该直线的交点，如图 2-15-15 所示。

（8）单击"曲线生成栏"中的"点"图标→在"立即菜单"中选择"批量点"/"等分点"→输入段数"4"→拾取打断后的中间小段直线，如图 2-15-16 所示。

【说明】 等分的份数应为偶数，份数越多，作出的相贯线越精确。

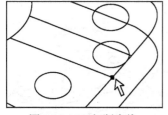 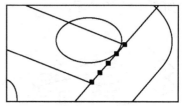

图 2-15-15　打断直线　　　　　　　图 2-15-16　作等分点

（9）按"F9"快捷键，将作图平面转换到 XZ 平面。单击"曲线生成栏"中的"直线"图标→在"立即菜单"中选择"两点线"/"连续"/"非正交"方式→捕捉 5 个等分点的中间点→捕捉 Z30 平面 R15 圆上 0°型值点，结果如图 2-15-17 所示。

（10）单击"几何变换栏"中的"平移"图标→在"立即菜单"中选择"两点"/"拷贝"/"非正交"方式→拾取上一步骤作的直线→右击确定→捕捉 5 个等分点的中间点为基点→分别捕捉其他 4 个点为目标点，结果如图 2-15-18 所示。

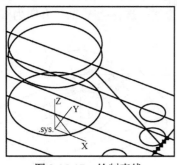 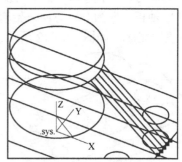

图 2-15-17　绘制直线　　　　　　　图 2-15-18　平移直线

（11）单击"线面编辑"中的"曲线拉伸"图标→分别拾取 5 条直线拉伸，结果如图 2-15-19 所示。

（12）按"F5"快捷键，将作图平面转换到 XY 平面。单击"线面编辑"中的"曲线裁剪"图标→在"立即菜单"中选择"快速裁剪"/"投影裁剪"方式→拾取φ30 圆内的直线进行裁剪，结果如图 2-15-20 所示。

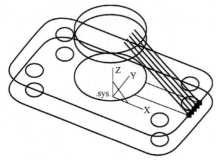 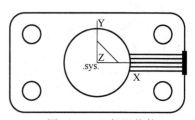

图 2-15-19　拉伸直线　　　　　　　图 2-15-20　投影裁剪

（13）单击"线面编辑栏"中的"删除"图标⌀→拾取 Z30 平面的ϕ30 的圆→右击确定，如图 2-15-21 所示。

（14）单击"曲线生成栏"中的"样条线"图标～→在"立即菜单"中选择"插值"/"缺省切矢"/"开曲线"方式→依次拾取投影裁剪后的直线端点→右击，如图 2-15-22 所示。

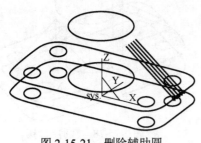
图 2-15-21　删除辅助圆

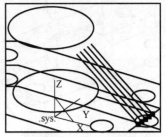
图 2-15-22　样条线连接

（15）单击"线面编辑栏"中的"删除"图标⌀→拾取 5 条直线的中间三条直线→右击确定，如图 2-15-23 所示。

（16）单击"曲线生成栏"中的"直线"图标→在"立即菜单"中选择"两点线"/"单个"/"正交"方式→捕捉样条线的一个端点→捕捉 Z10 平面上的直线与ϕ30 的圆的交点→捕捉样条线的另一个端点→捕捉 Z10 平面上另一条直线与ϕ30 的圆的交点，结果如图 2-15-24 所示。

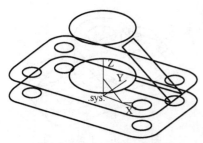
图 2-15-23　删除辅助直线

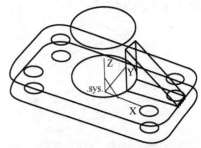
图 2-15-24　筋板与圆柱相交直线绘制

（17）单击"线面编辑"中的"曲线裁剪"图标→在"立即菜单"中选择"快速裁剪"/"正常裁剪"方式→拾取 Z10 平面ϕ30 圆与筋板相交内的圆弧进行裁剪，结果如图 2-15-25 所示。

（18）单击"线面编辑栏"中的"删除"图标⌀→拾取 5 个等分点→右击确定，如图 2-15-26 所示。

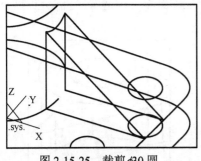
图 2-15-25　裁剪ϕ30 圆

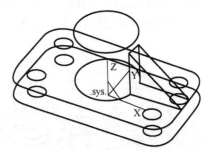
图 2-15-26　删除等分点

（19）按"F9"快捷键，转换作图平面到 XY 平面。单击"几何变换栏"中的"平面旋转"图标→在"立即菜单"中选择"拷贝"方式→输入份数为"1"、角度为"180"→回车→在弹出的对话框中输入(0,0,0)→回车→拾取筋板的 6 条直线和一条样条线→右击确定，结束如图 2-15-27 所示。

（20）单击"线面编辑"中的"曲线裁剪"图标→在"立即菜单"中选择"快速裁剪-正常裁剪"方式→拾取 Z10 平面 φ30 圆与旋转拷贝后的筋板相交内的圆弧进行裁剪，结果如图 2-15-28 所示。

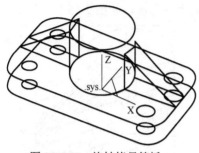
图 2-15-27 旋转拷贝筋板

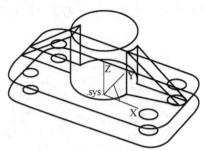
图 2-15-28 裁剪 φ30 圆

3. φ15 通孔线架绘制

（1）单击"曲线生成栏"中的"整圆"图标→在"立即菜单"中选择"圆心_半径"方式→回车→输入（0，0，0）→回车确认→回车→输入半径 7.5→回车确认，如图 2-15-29 所示。

（2）单击"几何变换栏"中的"平移"图标→在"立即菜单"中选择"偏移量"/"拷贝"方式→输入："DX＝0，DY＝0，DZ＝35"→选择 φ15 的圆→单击鼠标右键确认，完成通孔线架结构。结果如图 2-15-30 所示。

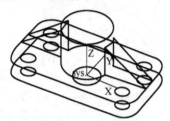
图 2-15-29 φ15 圆绘制

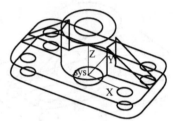
图 2-15-30 平移 φ15 圆

4. φ6 通孔线架绘制

（1）按"F9"快捷键，转换作图平面到 XZ 平面。单击"曲线生成栏"中的"整圆"图标→在"立即菜单"中选择"圆心_半径"方式→回车→输入（0，0，20）→回车确认→回车→输入半径为 3→回车确认，如图 2-15-31 所示。

（2）单击"曲线生成栏"中的"点"图标→在"立即菜单"中选择"批量点-等分点"→输入段数"6"→拾取 φ6 的整圆，如图 2-15-32 所示。

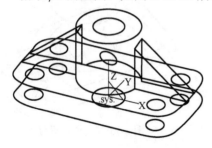
图 2-15-31 φ6 整圆绘制

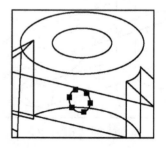
图 2-15-32 等分 φ6 的整圆

说明：等分的份数越多，做出的相贯线越精确。

（3）按"F9"快捷键，转换作图平面到 XY 平面。单击"曲线生成栏"中的"直线"图标

→在"立即菜单"中选择"水平"/"铅垂线"/"铅垂"方式→输入长度为"50"→分别拾取 6 个等分点,结果如图 2-15-33 所示。

(4)按"F5"快捷键,作图平面为 XY 平面。单击"线面编辑"中的"曲线裁剪"图标→在"立即菜单"中选择"快速裁剪"/"投影裁剪"方式→拾取φ30 圆外的直线进行裁剪→拾取φ15 圆内直线进行裁剪,结果如图 2-15-34 所示。

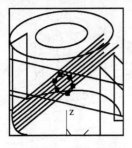
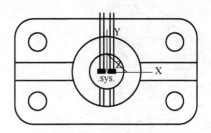

图 2-15-33 铅垂线绘制　　　　　　　　图 2-15-34 投影裁剪

(5)单击"线面编辑栏"中的"删除"图标→拾取 6 条直线→拾取φ6 的整圆与等分点,右击确定,如图 2-15-35 所示。

(6)按"F8"快捷键,单击"曲线生成栏"中的"样条线"图标→在"立即菜单"中选择"插值-缺省切矢-闭曲线"方式→依次拾取投影裁剪后的直线端点→右击确定→依次拾取投影裁剪后的直线的另一端点→右击,如图 2-15-36 所示。

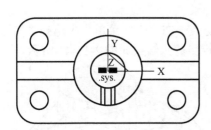
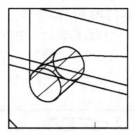

图 2-15-35 删除直线　　　　　　　　图 2-15-36 相贯线绘制

(7)单击"线面编辑栏"中的"删除"图标→拾取 6 条辅助直线→右击确定,结果如图 2-15-37 所示。

(8)单击"几何变换栏"中的"平面旋转"图标→在"立即菜单"中选择"拷贝"方式→输入份数为"1"、角度为"180"→回车→在弹出的对话框中输入(0,0,0)→回车→拾取上一步作的两条样条线→右击确定,如图 2-15-38 所示。

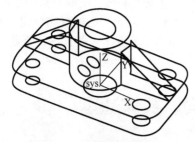
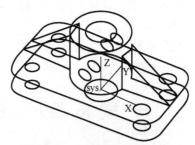

图 2-15-37 删除辅助直线　　　　　　　　图 2-15-38 旋转拷贝相贯线

5. 顶部槽的线架结构绘制

(1)矩形绘制。单击"曲线生成栏"中的"矩形"图标→在"立即菜单"中选择"中心长_宽"→输入:"长度=8"→"宽度=40"→回车→在弹出的对话框内输入矩形中心点的坐标(0,0,35)→回车确认,如图2-15-39所示。

(2)单击"线面编辑"中的"曲线裁剪"图标→在"立即菜单"中选择"快速裁剪-正常裁剪"方式→拾取矩形上的直线进行裁剪→单击"线面编辑栏"中的"删除"图标→拾取矩形的另两条直线→右击确定,结果如图2-15-40所示。

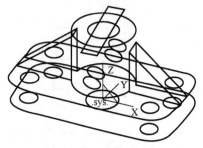
图2-15-39 矩形绘制

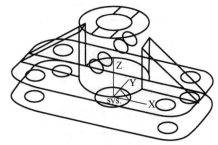
图2-15-40 平曲线编辑

(3)单击"线面编辑栏"中的"打断"图标→拾取Z35平面φ30的圆→分别拾取与之相交的4条直线的交点进行打断→拾取Z35平面φ15的圆→分别拾取与之相交的4条直线的交点进行打断。

(4)单击"几何变换栏"中的"平移"图标→在"立即菜单"中选择"偏移量"/"拷贝"方式→输入:"DX=0,DY=0,DZ=-5"→"选择Z35平面φ30、φ15的圆弧→单击鼠标右键确认,如图2-15-41所示。

(5)单击"线面编辑栏"中的"曲线裁剪"图标→在"立即菜单"中选择"快速裁剪-正常裁剪"方式→拾取Z35平面φ15的圆弧内的直线进行裁剪,结果如图2-15-42所示。

图2-15-41 平移φ30、φ15的圆弧

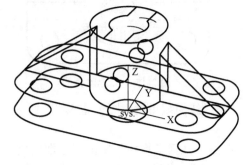
图2-15-42 删除圆弧

(6)按F9快捷键,转换作图平面到XZ平面。单击"曲线生成栏"中的"直线"图标→在"立即菜单"中选择"两点线"/"单个"/"非正交"方式→拾取Z35平面的直线与圆弧的交点→拾取Z30平面圆弧端点→依次拾取相对应的点→拾取Z30平面圆弧端点作4条直线,至此,该零件的线架造型完成结果如图2-15-41所示。

第16单元 鼠标曲面、实体造型

2.16.1 项目实训说明

本实训范例鼠标的造型效果如图2-16-1所示,二维视图及轴侧图如图7-16-2所示。它造型特点主要是:外围轮廓都存在一定的角度,因此在造型时首先想到的是实体的拔模斜度,如果使用

"扫描面"生成鼠标外轮廓曲面时,就应该加入曲面扫描角度。

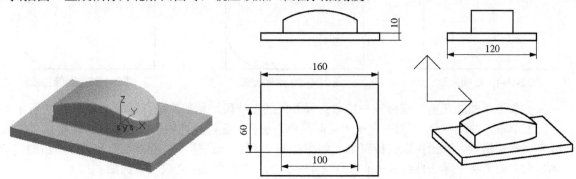

图 2-16-1　鼠标的造型　　　　　　图 2-16-2　鼠标的二维视图及轴侧图

在生成鼠标上表面时,我们可以使用两种方法:一如果用实体构造鼠标,我们应该利用曲面裁剪实体的方法来完成造型,也就是利用"样条线"生成的曲面,对实体进行裁剪;二如果使用曲面构造鼠标,我们就利用样条线生成的曲面对鼠标的轮廓进行"曲面裁剪"完成鼠标上曲面的造型。做完上述操作后我们就可以利用"直纹面"生成鼠标的底面曲面,最后通过"曲面过渡"完成鼠标的整体造型。鼠标样条线坐标点:(-60,0,15),(-40,0,25),(0,0,30),(20,0,25),(40,0,15)。

通过该项目的实训可使学员熟悉曲面造型方法,熟练掌握"扫描面"、"样条线"、"曲面裁剪"、"直纹面"、"曲面过渡"等命令的运用。

2.16.2　操作流程图

鼠标造型操作流程图如图 2-16-3 所示。

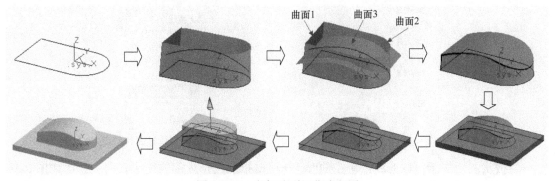

图 2-16-3　鼠标造型操作流程图

2.16.3　操作步骤

1. 生成扫描面

(1)按"F5"键,将绘图平面切换到平面 XOY 上。

(2)单击"矩形"图标□→"立即菜单"中选择"两点矩形"方式→输入第一点坐标(-60,30,0)→第二点坐标(40,-30,0),矩形绘制完成,如图 2-16-4 所示。

(3)单击"圆弧"图标→"立即菜单"中选择"三点圆弧"方式→按空格键→选择切点方式→拾取右侧三条边,作一圆弧,与长方形右侧三条边相切,如图 2-16-5 所示→单击"删除"图标→拾取右侧的竖边→右击,删除完成,如图 2-16-6 所示。

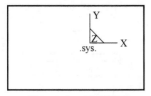
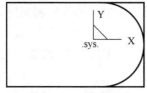
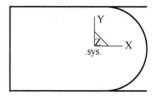

图 2-16-4　绘制矩形　　　　图 2-16-5　绘制圆弧　　　　图 2-16-6　删除直线

（4）单击"曲线裁剪"图标→拾取圆弧外的的直线段，裁剪完成，结果如图 2-16-7 所示。

（5）单击"曲线组合"图标→"立即菜单"选择"删除原曲线"方式，状态栏提示"拾取曲线"→按空格键，弹出拾取快捷菜单，如图 2-16-8 所示→选择"单个拾取"方式→单击曲线 2→单击向右的箭头→单击曲线 3→单击曲线 4→右击，三条曲线组合成一条曲线。

（6）按"F8"快捷键，图形轴侧图显示，如图 2-16-9 所示。

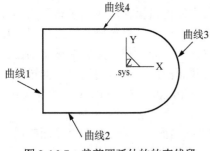
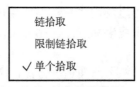
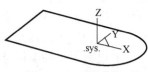

图 2-16-7　裁剪圆弧外的的直线段　　　图 2-16-8　拾取快捷菜单　　　图 2-16-9　轴侧图

（7）单击"扫描面"图标→"立即菜单"中输入"起始距离"为 0，"扫描距离"为 40，"扫描角度"为 2，如图 2-16-10 所示→按空格键，弹出矢量工具菜单→单击"Z 轴正方向"，如图 2-16-11 所示。

图 2-16-10　"扫描面"立即菜单　　　　图 2-16-11　矢量选择快捷菜单

（8）按状态栏提示拾取曲线：单击曲线 1→单击指向图形内部的箭头（向右），如图 2-16-12 所示→单击组合后的曲线（曲线 2）→单击指向图形内部的箭头（向左），如图 2-16-13 所示→右击，生成两个曲面，如图 2-16-14 所示。

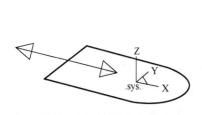
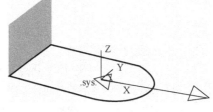

图 2-16-12　单击向右箭头　　　图 2-16-13　单击向左箭头　　　图 2-16-14　生成两个曲面

2. 曲面裁剪

(1) 单击"曲面裁剪"图标 → "立即菜单"中选择"面裁剪"/"裁剪"/"相互裁剪",如图 2-16-15 所示→按状态栏提示拾取被裁剪的曲面 2 和剪刀面曲面 1,(注意:选取需保留的部分)两曲面裁剪完成,如图 2-16-16 所示。

(2) 单击"样条线"图标 → "立即菜单"采用默认设置→回车→依次输入坐标点(-65,0,15),(-40,0,25),(0,0,30),(20,0,25),(40,0,15)→回车→右击,结束绘图→右击,结束命令,样条线生成,结果如图 2-16-17 所示。

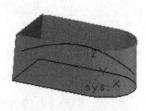

图 2-16-15 "曲面裁剪"立即菜单　　图 2-16-16 "曲面裁剪"结果　　图 2-16-17 生成样条线

(3) 单击"扫描面"图标 → "立即菜单"中输入起始距离值为-40,扫描距离值为 80,扫描角度为 0,如图 2-16-18 所示。系统提示"输入扫描方向"→按空格键,弹出"矢量工具菜单"→选择其中的"Y 轴正方向"→拾取样条线,扫描面生成,结果如图 2-16-19 所示。

(4) 单击"曲面裁剪"图标 → "立即菜单"中选择"面裁剪"/"裁剪"/"相互裁剪"→拾取被裁剪曲面曲面 2,剪刀面曲面 3(注意:选取需保留的部分)→曲面 2、曲面 3 相互裁剪完成,结果如图 2-16-20 所示。

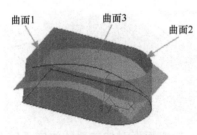
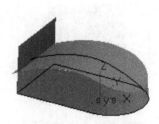

图 2-16-18 "扫描面"立即菜单　　图 2-16-19 生成扫描面　　图 2-16-20 曲面裁剪结果

(5) 再次拾取被裁剪面曲面 1,剪刀面曲面 3,裁剪完成,如图 2-16-21 所示。

(6) 单击"编辑"→"隐藏",按状态栏提示拾取所有曲线→右击,使其不可见,如图 2-16-22 所示。

3. 生成直纹面

(1) 单击"可见"图标 →拾取底部的两条曲线→右击,使其可见。

(2) 单击"直纹面"图标 →拾取两条曲线生成直纹面,如图 2-16-23 所示。

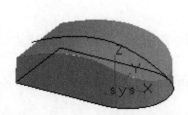
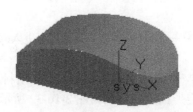

图 2-16-21 裁剪完成　　图 2-16-22 隐藏所有曲线　　图 2-16-23 生成直纹面

4. 曲面过渡

（1）单击"曲面过渡"图标→"立即菜单"设置如图 2-16-24 所示。

（2）按状态栏提示拾取曲面 1、曲面 2 和曲面 3→选择向里的方向，曲面过渡完成，如图 2-16-25 所示。

 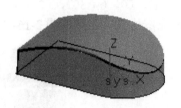

图 2-16-24　"曲面过渡"立即菜单　　　图 2-16-25　曲面过渡结果

5. 生成鼠标电极托板

（1）按"F5"快捷键，切换绘图平面为 XOY 面→单击"曲线生成栏"上的"矩形"图标→输入两点坐标为：（-90，-60，0），（70，60，0），绘制如图 2-16-26 所示的矩形。

（2）按"F8"快捷键，切换成轴测图显示，如图 2-16-27 所示→单击"移动"图标→"立即菜单"数据设置如图 2-16-28 所示→拾取矩形的 4 条边→右击，将矩形向下复制了一个，如图 2-16-29 所示。

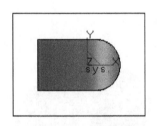 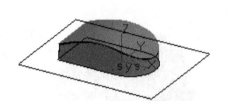 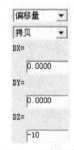

图 2-16-26　绘制矩形　　　图 2-16-27　轴测图显示　　　图 2-16-28　"立即菜单"

（3）单击"直纹面"图标→拾取矩形对边的直线生成直纹面，如图 2-16-30 所示。

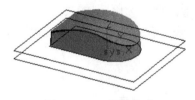 

图 2-16-29　复制矩形　　　图 2-16-30　生成直纹面

以上是鼠标的曲面造型，下面将在此基础上生成实体。

6. 鼠标的实体造型

（1）单击特征树中的 平面XY→右击→"创建草图"，进入草图绘制状态→单击"曲线投影"图标→拾取 XY 平面上矩形的 4 条边→右击。

（2）单击"绘制草图"图标，退出草图→单击"拉伸增料"图标→"立即菜单"数据设置如图 2-16-31 所示→单击"确定"按钮，结果如图 2-16-32 所示。

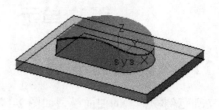

图 2-16-31 "拉伸增料"对话框　　　　图 2-16-32 电极托板实体形成

（3）单击特征树中的 ◇ 平面XY→右击→"创建草图",进入草图绘制状态→单击"曲线投影"图标 ➚→拾取 XY 平面上鼠标底部的一条直线和一条组合曲线→右击。

（4）单击"拉伸增料"图标 ➡→"基本伸拉"数据设置如图 2-16-33 所示→单击"确定"按钮,结果如图 2-16-34 所示。

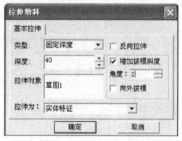
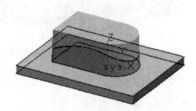

图 2-16-33 "拉伸增料"对话框　　　　图 2-16-34 "拉伸增料"结果

（5）单击"曲面裁剪除料"图标 ➡→拾取鼠标上表面→勾选"曲面裁剪除料"对话框中的"除料方向选择"复选框,如图 2-16-35 所示→单击"确定"按钮,如图 2-16-36 所示。

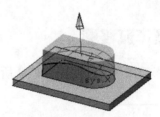

图 2-16-35 "曲面裁剪除料"对话框及选择显示

（6）单击"编辑"→"隐藏"→框选使用实体→右击,将所有曲线和曲面隐藏,如图 2-16-37 所示。

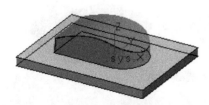

图 2-16-36 "曲面裁剪除料"结果　　　　图 2-16-37 "隐藏"曲线和曲面

（7）单击"过渡"图标 ➡→"半径"输入 2→拾取鼠标的三个面（除底面外）→单击"确定"按钮,最终结果如图 2-16-1 所示。

第 17 单元　物料盆的曲面造型

2.17.1　项目实训说明

本实训范例物料盒的曲面模型如图 2-17-1 所示，其二维图如图 2-12-2 所示。

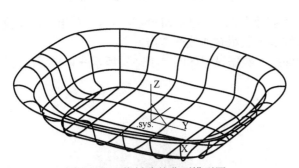
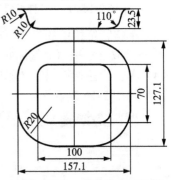

图 2-17-1　物料盆的曲面模型图　　　　图 2-17-2　物料盆的二维图

造型特点：线框造型采用空间点、直线、圆弧、样条线等曲线表达物体三维形状，其构造的线框模型可以作为曲面造型的基础。

物料盆的造型思路：物料盆的底面可以看作在 XOY 平面上生成的矩形经过圆弧过渡而形成的曲面。侧面则可以看作其截面轮廓沿底边导动线导动而成的曲面。

该实例采用了线架曲面复合造型方法，要求能熟练掌握线框造型提供的多项功能（即曲线绘制及曲线编辑功能）。

2.17.2　操作流程图

物料盒曲面造形的操作流程如图 2-17-3 所示。

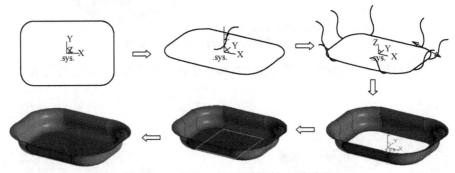

图 2-17-3　物料盆的曲面模型的操作流程

2.17.3　操作步骤

1. 物料盆的底部线框绘制

（1）在特征树中单击图标平面 XY→单击"矩形"图标囗，"立即菜单"设置："中心_长_宽"方式→输入"长度=100"，"宽度=70"→回车→输入矩形的中心点（0，0，0），确认后作出如图 2-17-4（a）所示的矩形。

（2）单击"曲线过渡"图标→"立即菜单"设置："圆弧过渡"，在对话框半径一栏中输入"20"→拾取矩形相邻的两边，可完成一个圆角→依次拾取4个角的边→右击结束，其相应的"立即菜单"及生成的图形如图2-17-4（b）所示。

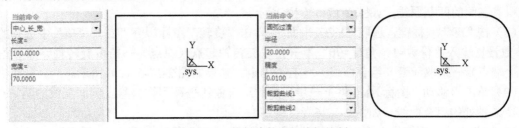

图 2-17-4 物料盆的底部线框绘制

2. 物料盆的侧面线框绘制

（1）按"F8"快捷键，在轴侧显示状态下，用"F9"快捷键选取"XOZ平面"，单击"直线"图标，在立即菜单中选择如图2-17-5（a）所示方式，即在状态栏中出现"第一点"的提示，输入起点（0，0，0）后，按所要求的长度方向单击鼠标，即生成所要求的长度为25的正交线。如图2-17-5（b）所示。

（2）单击"平面旋转"图标→选取"移动"→输入角度为-20°→右击→拾取旋转中心点（原点）→拾取元素（直线）→右击→生成与Z轴成20°的直线。如图2-17-5（c）所示。

（3）单击"直线"图标，在"立即菜单"中选择如图2-17-5（d）所示的方式，用鼠标拾取直线两端点分别生成两条长度为10的直线，如图2-17-5（e）所示。

（4）单击"曲线过渡"图标→选取"圆弧过渡"→在"立即菜单"中输入半径为10→依次拾取相邻的两直边，可完成两个圆角→右击结束，结果如图2-17-5（f）所示。

（5）单击"曲线组合"图标→选取"保留原曲线"→按空格键→选取"链拾取"→拾取曲线→确定链搜索方向，生成组合曲线，如图2-17-5（g）所示

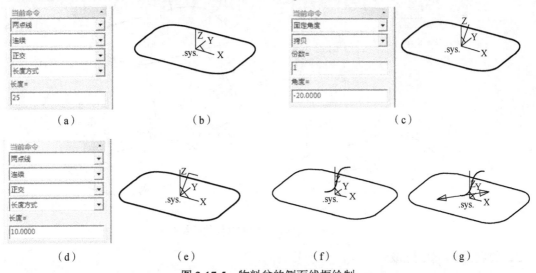

图 2-17-5 物料盆的侧面线框绘制

（6）单击"移动"图标，在"立即菜单"中选择"两点/拷贝/非正交"方式，如图2-17-6（a）所示，在状态栏提示"拾取元素"后，选取组合曲线；右击→在状态栏提示"输入基点"后，选择被移动的组合曲线的下端点；在状态栏提示"输入目标点"时，单击带圆弧的矩形的一型值点上，即将组合曲线移动到位置如图2-17-6（b）所示相应的。重复以上的过程，生成另一条物料盆

侧面的截面线。如图 2-17-6（c）所示的位置。

（7）单击"平面镜像"图标，按状态栏提示→"拾取镜像轴首点"（原点）→"拾取镜像轴末点"（正交直线的上端点）→"拾取元素"（拾取物料盆右侧的两截面线）→按右键确定→生成物料盆左侧的两截面线。如图 2-17-6（d）所示。

（8）按"F9"快捷键，选取"YOZ 平面"，单击"旋转"图标→"立即菜单"中选择的"拷贝/参数设置输入"份数=1，角度=90°"→拾取旋转轴起点（原点）→拾取旋转轴终点（正交直线的上端点）→拾取元素（组合曲线）→右击确定。结果如图 2-17-6（e）所示。

（9）单击"移动"图标，将上一步生成的组合曲线平移到物料盆上侧面直线的两端点处。并删除 Z 轴处的组合曲线。如图 2-17-6（f）所示。

（10）单击"平面镜像"图标，按状态栏提示→"拾取镜像轴首点"（原点）→"拾取镜像轴末点"（正交直线的上端点）→"拾取元素"（拾取物料盆上侧的两截面线）→按右键确定→生成物料盆下侧的两截面线。结果如图 2-17-6（g）所示。

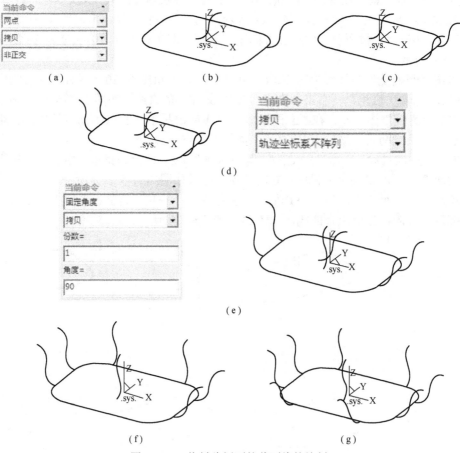

图 2-17-6 物料盆侧面的截面线的绘制

3．物料盆的侧面生成

（1）单击"导动面"图标→选取"固接导动"→拾取"导动线"（过渡圆弧线）→选择方向→拾取截面线（侧面组合曲线即截面线）→生成导动面→重复上述步骤，生成物料盆的四周转角处曲面。生成过程及结果如图 2-17-7 所示。

图 2-17-7 用固接导动生成物料盆的 4 张转角曲面

（2）单击"导动面"图标 →选取"平行导动"→拾取"导动线"（直线）→选取方向→拾取截面线（侧面组合曲线即截面线）→生成侧边导动曲面→重复上述步骤，生成物料盆的四周曲面。结果如图 2-17-8 所示。

图 2-17-8 用平行导动生成物料盆的四张侧边曲面

4．物料盆的底平面生成

（1）选取"曲线+曲线"，单击两侧边后即生成直纹面。

（2）单击"相关线"图标 ，"立即菜单"设置："曲面边界线/全部"，拾取直纹面后即形成曲面边界线。再单击"边界面"图标 ，"立即菜单"设置为"四边面"，分别拾取四边线，即生成物料盆的底部平面，如图 2-17-9 所示。

图 2-17-9 用直径面和边界面生成物料盆底面

（3）选取所有可见的曲线并隐藏。最终的结果如图 2-17-10 所示。

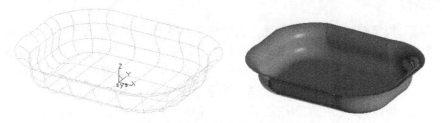

图 2-17-10 物料盆的曲面造型图

第 18 单元 罩壳曲面造型

2.18.1 项目实训说明

本实训范例罩壳的曲面造型如图 2-18-1 所示，三视图如图 2-18-2 所示。

造型特点是：看懂三视图绘制线架结构，从三视图的俯视图和左视图可以看出该零件具有对称性，在绘制线架图形时可以只绘制一部分，再使用镜像功能完成罩壳的全部线架结构。绘制曲面时，使用旋转曲面，直纹曲面及镜像功能完成曲面的造型。

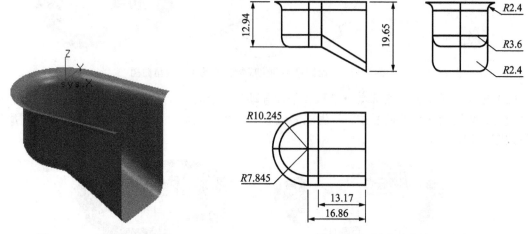

图 2-18-1　罩壳曲面造型　　　　　图 2-18-2　罩壳零件的三视图

2.18.2　操作流程图

罩壳零件的操作流程如图 2-18-3 所示。

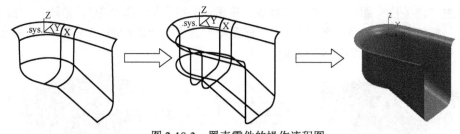

图 2-18-3　罩壳零件的操作流程图

2.18.3　操作步骤

1. 线架造型

（1）按"F5"快捷键，转换作图平面为 XY 平面。根据图 2-18-2 所示尺寸，单击"曲线生成栏"中的"圆弧"图标 → 在"立即菜单"中选择做圆弧方式为"圆心-半径-起终角"→ 输入起始角度为 90°，终止角度为 180° → 回车，在弹出的对话框内输入圆心坐标（0，0，0）→ 输入半径为 10.245，回车 → 输入半径为 7.845，回车，得到如图 2-18-4 所示的圆弧。

（2）按"F8"快捷键，使用轴测图显示方式。单击"几何变换栏"中的"移动"图标 → 在"立即菜单"中选择"偏移量"、"移动"方式 → 输入："DX = 0，DY = 0，DZ = －2.4"→ 选中 R7.845 的圆弧 → 右击确认，如图 2-18-5 所示。

（3）按"F9"快捷键，转换绘图平面至 XZ 平面，单击"曲线生成栏"中的"圆弧" 图标 → 在"立即菜单"中选择做圆弧方式为"两点_半径"→ 捕捉两圆弧端点 → 回车，输入半径为 2.4 → 回车，如图 2-18-6 所示。

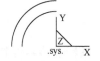　　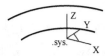　　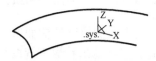

图 2-18-4　绘制圆弧　　　　图 2-18-5　平移圆弧　　　　图 2-18-6　绘制 R2.4 圆弧

(4) 单击"曲线生成栏"中的"直线"图标 ╱→在"立即菜单"中选择"两点线"/"连续"/"正交"/"长度方式"→输入长度数值为 10.54→捕捉 R7.845 的端点→移动鼠标使直线沿 Z 轴负方向,单击"确认"→修改长度数值为 7.845→移动鼠标使直线沿 X 轴正方向,单击"确认"→修改长度数值为 3.69→移动鼠标使直线沿 X 轴正方向,单击"确认",如图 2-18-7 所示。

(5) 单击"线面编辑栏"中的"过渡"图标 ╭→在"立即菜单"中选择"圆弧过渡"→输入半径为 3.6→"精度默认-裁减曲线 1-裁减曲线 2"→拾取长度 10.54 与 7.845 的直线→右击"确认",如图 2-18-8 所示。

(6) 按"F9"快捷键,转换绘图平面至 XZ 平面。单击"曲线生成栏"中的"直线"图标 ╱→在"立即菜单"中选择"两点线"/"单个"/"正交"/"长度方式"→输入长度数值为"16.86"→捕捉 R10.245 圆弧的端点→移动鼠标使直线沿 X 轴正方向,单击"确认"→捕捉 R7.845 圆弧的端点→移动鼠标使直线沿 X 轴正方向,单击"确认"→修改长度数值为 17.25(19.65-2.4),捕捉刚才所绘制的第二条直线的端点→移动鼠标使直线沿 Z 轴负方向,单击"确认",如图 2-18-9 所示。

图 2-18-7　绘制直线　　　　图 2-18-8　过渡　　　　图 2-18-9　绘制直线

(7) 按"F9"快捷键,转换绘图平面至 XY 平面。单击"曲线生成栏"中的"直线"╱图标→在"立即菜单"中选择"两点线"/"单个"/"正交"/"长度方式"→输入长度数值为"7.845"→捕捉刚才所作的最后一条直线的端点→移动鼠标使直线沿 Y 轴负方向,单击"确认"→在立即菜单中选择"非正交"方式→连接两直线端点,右击结束直线功能。如图 2-18-10 所示。

(8) 单击"线面编辑栏"中的"过渡"图标 ╭→在"立即菜单"中选择"圆弧过渡"→输入半径值为 2.4→"精度默认-裁减曲线 1-裁减曲线 2"→拾取两条直线,完成过渡,如图 2-18-11 所示。

(9) 按"F9"快捷键,转换绘图平面至 YZ 平面。单击"曲线生成栏"中的"圆弧"图标 ╭→在"立即菜单"中选择"起点-半径-起终角"→输入半径值"2.4"、起始角"90°"、终止角"0"→捕捉长度为 16.86 的直线的端点,完成圆弧绘制,如图 2-18-12 所示。

图 2-18-10　绘制直线　　　　图 2-18-11　过渡　　　　图 2-18-12　绘制 R2.4 圆弧

(10) 按"F9"快捷键,转换绘图平面至 XY 平面。单击"几何变换栏"中的"平面旋转"图标 →在"立即菜单"中选择"拷贝"选项,份数设置为"1"→输入角度值为"-90°"→回车,输入旋转中心点(0,0,0)→拾取要旋转的圆弧及直线,右击"确认",如图 2-18-13 所示。

(11) 单击"几何变换栏"中的"平移"图标 →在"立即菜单"中选择"偏移量"、"拷贝"

选项→输入:"DX = 3.69,DY = 0,DZ = 0"→拾取旋转后的曲线,右击确认。如图 2-18-14 所示。

(12) 单击"曲线生成栏"中的"圆弧"图标→在"立即菜单"中选择"起点_半径_起终角"→输入半径值为 7.845、起始角为 90°,终止角为 180°→拾取旋转后的直线与圆弧的交点,如图 2-18-15 所示。

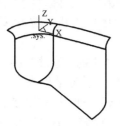
图 2-18-13　旋转曲线

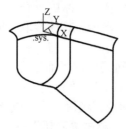
图 2-18-14　平移曲线

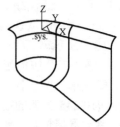
图 2-18-15　绘制 R7.845 的圆弧

(13) 单击"曲线生成栏"中的"直线"图标→在"立即菜单"中选择"两点线"/"连续"/"非正交"方式→依次拾取直线端点,如图 2-18-16 所示。

(14) 按 F9 快捷键,转换绘图平面至 XY 平面。单击"几何变换栏"中的"镜像"图标→在"立即菜单"中选择"拷贝"方式→拾取镜像轴首点、末点(可以选择长度为 3.69 的直线的两端点)→框选所有图素,右击"确认",如图 2-18-17 所示。

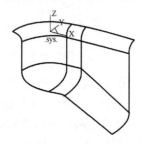
图 2-18-16　绘制直线

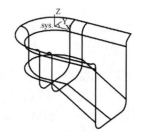
图 2-18-17　镜像后的结果

2. 曲面辅助线的绘制

(1) 组合曲线:单击"线面编辑栏"中的"曲线组合"图标→在"立即菜单"中选择"删除原曲线"→按键盘上的空格键,单击选择"单个拾取"→拾取圆弧与直线,依次生成 3 条组合曲线,如图 2-18-18 所示。

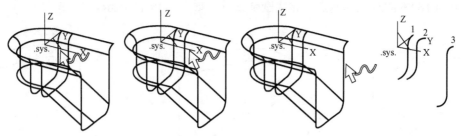
图 2-18-18　组合曲线

(2) 旋转轴线:单击"曲线生成栏"中的"直线"图标→在"立即菜单"中选择"两点线/连续/非正交"方式→回车,输入坐标(0,0,0)→单击"确认"→回车,输入坐标(0,0,20)→单击"确认"→右击,完成旋转轴线的绘制。如图 2-18-19 所示。

3. 曲面生成

（1）旋转面的生成：单击"曲面生成栏"中的"旋转面"图标 →在"立即菜单"中输入起始角"0"，终止角"90°"→拾取前一步骤绘制的旋转轴线→选取 Z 轴正方向的箭头为旋转方向，如图 2-18-20 所示→拾取组合曲线 1，旋转曲面生成，如图 2-18-21 所示。

 注意

在选择轴线时，箭头方向及曲面的旋转方向遵循右手螺旋定则。即大拇指方向为选择的箭头方向，四指的弯曲方向就是曲面的生成方向。

单击"线面编辑栏"中的"删除" 图标→直接拾取旋转轴线→右击确认。

（2）直纹面的生成：单击"曲面生成栏"中的"直纹面" 图标→在"立即菜单"中选择"曲线+曲线"方式→拾取组合曲线 1→拾取组合曲线 2，直纹面生成。

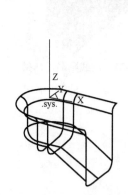 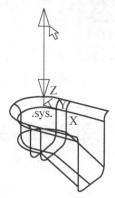 

图 2-18-19　旋转轴的绘制　　　图 2-18-20　选择旋转轴及方向　　　图 2-18-21　旋转面

用同样的方法拾取组合曲线 2 和组合曲线 3 生成直纹面。如图 2-18-22 所示。

 注意

在拾取相邻曲线时，鼠标的拾取位置应尽量保持一致（端点位置相对应），这样才能保证得到正确的直纹面结果。

（3）镜像曲面：按"F9"快捷键，转换绘图平面至 XY 平面。单击"几何变换栏"中的"镜像" 图标→在"立即菜单"中选择"拷贝"方式→分别捕捉对称中心的曲线的两端点作为"镜像轴首点"、"镜像轴末点"→拾取前面步骤中的旋转面及两个直纹面，右击确认，如图 2-18-23 所示。

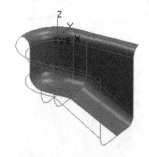 

图 2-18-22　直纹面　　　　　　图 2-18-23　镜像曲面

（4）单击"标准工具栏"中的"拾取过滤设置"图标 →在弹出的"拾取过滤器"对话框里清除"空间曲线"，如图 2-18-24 所示→单击"确定"按钮。

（5）隐藏线框。单击"编辑"→"隐藏"→框选整个图形→右击将所有曲线隐藏，如图 2-18-25 所示。

图 2-18-24　拾取过滤器对话框

图 2-18-25　曲线隐藏后结果

第 19 单元　变向联接器曲面造型

2.19.1　项目实训说明

本实训范例变向联接器的曲面造型如图 2-19-1 所示，其三维视图如图 2-19-2 所示。

造型特点：从零件的三个视图可以看出该零件具有对称性，在绘制线架图形时只绘制出一部分，生成曲面后再使用阵列功能即可。

绘制曲面时，使用旋转面、直纹面、扫描面、裁剪平面，最后使用阵列功能完成曲面的造型。

图 2-19-1　变向联接器曲面造型

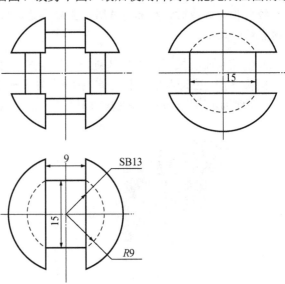

图 2-19-2　变向联接器的三视图

2.19.2 操作流程图

变向联接器曲面造型的操作流程如图 2-19-3 所示。

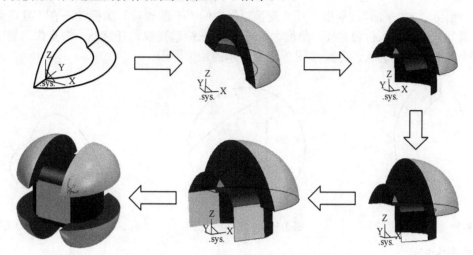

图 2-19-3 变向联接器曲面造型的操作流程图

2.19.3 操作步骤

1. 线架结构绘制

(1) 按"F5"快捷键，转换作图平面为"XY 平面"。单击"曲线生成栏"中的"圆弧"图标 →在"立即菜单"中选择做圆弧方式为"圆心_半径_起终角"→输入起始角度为 270°/终止角度 90°→回车，在弹出的对话框内输入圆心点的坐标（0，0，0）→回车→输入半径为 13→回车→输入半径为 9→回车确认，得到如图 2-19-4 的两条圆弧。

(2) 单击"曲线生成栏"中的"直线"图标 →在"立即菜单"中选择"水平"/"铅垂线"/"水平+铅垂"→输入长度数值为 40→回车，在弹出的对话框内输入点的坐标（0，0，0）→回车确认，右击结束直线功能，结果如图 2-19-5 所示。

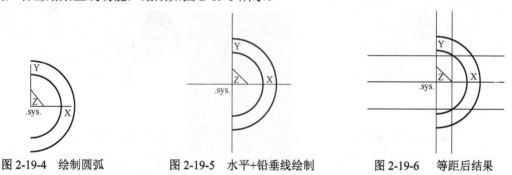

图 2-19-4 绘制圆弧   图 2-19-5 水平+铅垂线绘制   图 2-19-6 等距后结果

(3) 单击"曲线生成栏"中的"等距线"图标 →在"立即菜单"中选择"单根曲线"/"等距"/输入距离为 7.5→拾取水平线，等距方向往 Y 轴正方向→再拾取一次水平线，等距方向往 Y 轴负方向→将"立即菜单"中的"距离"改为 4.5→拾取铅垂线，等距方向往 X 轴正方向，右击结束，结果如图 2-19-6 所示。

(4) 单击"线面编辑栏"中的"曲线裁剪"图标 →在"立即菜单"中选择"快速裁减"/"正常裁减"→拾取多余曲线进行裁减→单击"删除"图标 ，拾取要删除的曲线，右击确认，得到如图 2-19-7 所示的图形，图 2-19-8 是其局部放大图。

(5) 单击"几何变换栏"中的"移动"图标→在"立即菜单"中选择"偏移量"/"移动"方式并输入："DX=0"/"DY=0"/"DZ=4.5"→框选整个图形，右击确认→按"F9"快捷键，转换绘图平面至"XZ 平面"。单击"几何变换栏"中的"平面旋转"图标→在"立即菜单"中选择"拷贝"方式→输入份数为 1，角度为 90°→拾取铅垂直线的任意一个端点作为旋转中心点→框选整个图形，右击确认，得到如图 2-19-9 所示的线架图形。

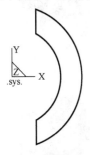 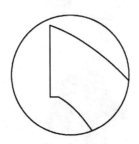 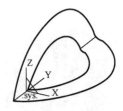

图 2-19-7　编辑后的图形　　　　图 2-19-8　局部放大图　　　　图 2-19-9　几何变换后的图形

2. 曲面生成

(1) 旋转面的生成。单击"曲面工具栏"中的"旋转面"图标→在"立即菜单"中输入起始角为 0，终止角为 90°→拾取平行于 Y 轴的直线作为旋转轴→选择朝 Y 轴负方向的箭头为旋转方向→拾取未旋转的 R13 圆弧为母线，旋转曲面生成，如图 2-19-10 所示。

 注意

在选择轴线时，箭头方向及曲面的旋转方向遵循右手螺旋定则。即大拇指方向为选择的箭头方向，四指的弯曲方向就是曲面的生成方向。

(2) 裁减平面的生成。单击"曲面工具栏"中的"平面"图标→在"立即菜单"中选择"裁减平面"方式→依次拾取 XY 平面的曲线，右击确定，生成平面→依次拾取 YZ 平面的曲线，右击确定，生成平面，如图 2-19-11 所示。

图 2-19-10　旋转面　　　　　　　　图 2-19-11　裁剪平面

(3) 扫描面的生成。单击"曲面工具栏"中的"扫描面"图标→在"立即菜单"中选择起始位置为 0，输入扫描距离为 4.5，扫描角度为 0°，精度取默认值→按键盘上的"空格键"，选择"X 轴负方向"为扫描方向→拾取旋转后的 R9 圆弧，生成扫描曲面→右击确认→按键盘上的空格键，选择"Z 轴负方向"为扫描方向→拾取旋转前的 R9 圆弧，生成扫描曲面。如图 2-19-12 所示。

(4) 裁剪平面轮廓线绘制。单击"曲线生成栏"中的"相关线"图标→在"立即菜单"中选择"曲面边界线"/"单根"→拾取两扫描面的边界线→按"F9"快捷键，转换绘图平面至"XZ 平面"→单击"曲线生成栏"中的"直线"图标→在"立即菜单"中选择"两点线"/"连续"/"正交"/"点方式"→通过刚才的曲面边界线的端点分别作两条相交直线→单击"线面编辑栏"

中的"过渡"图标→在立即菜单中选择"尖角"过渡→分别拾取两条直线进行尖角过渡,得到2-19-13所示的图形,图2-19-14是轮廓线的局部放大图。

图 2-19-12　扫描面

图 2-19-13　裁剪平面外轮廓线的绘制

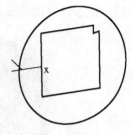
图 2-19-14　局部放大图

(5)裁减平面的生成。单击"曲面生成栏"中的"平面"图标→在"立即菜单"中选择"裁减平面"方式→依次拾取图2-19-14中的6条曲线→右击确定,生成平面,如图2-19-15所示。

(6)单击"曲面生成栏"中的"等距面"图标→在"立即菜单"中输入等距距离为15→回车→拾取上一步骤生成的裁减曲面→选择Y轴正方向为等距方向→右击结束,如图2-19-16所示。

图 2-19-15　裁剪平面的绘制

图 2-19-16　等距面生成

(7)单击"标准工具栏"中的"拾取过滤设置"图标→在弹出的"拾取过滤器"对话框里清除"空间曲面",如图2-19-17所示→单击"确定"按钮。

(8)隐藏线框。单击"编辑"→"隐藏"→框选整个图形→右击将所有曲线隐藏,如图2-19-18所示。

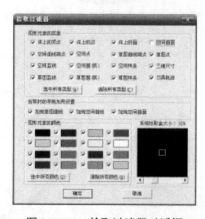
图 2-19-17　拾取过滤器对话框

(9)单击"标准工具栏"中的"拾取过滤设置"图标→在弹出的"拾取过滤器"对话框里单击"选中所有类型"按钮→单击"确定"按钮。

(10)阵列曲面。按"F7"快捷键,将"XZ平面"设为作图平面→单击"几何变换栏"中的

"阵列"图标⊞→在"立即菜单"中选择"圆形"/"均布"方式→输入份数为4→回车→框选整个图形→右击确定→回车,输入(0,0,0)→右击确认,完成该零件所有曲面的绘制→按"F8"快捷键,显示轴测图如图2-19-19所示。

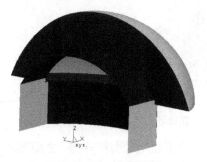

图 2-19-18　隐藏线框　　　　　图 2-19-19　曲面造型完成图

第 20 单元　摩擦圆盘压铸模腔的曲面造型

2.20.1　项目实训说明

本实训范例摩擦圆盘压铸模腔的曲面造型如图 2-20-1 所示,其二维视图如图 2-20-2 所示。

造型特点:根据该零件的二维视图进行曲面造型,首先绘制 $\phi 148$ 和 $\phi 140$ 的阶梯圆柱线架、SR103.9 球体截面线架、凸台截面线架和顶部止口线架,然后将球体截面线和凸台截面线做旋转曲面,再进行曲面裁减、镜像、阵列后可形成球底面和 5 个凸台面,其他曲面可用裁减平面和直纹面绘制。

图 2-20-1　摩擦圆盘压铸模腔曲面造型

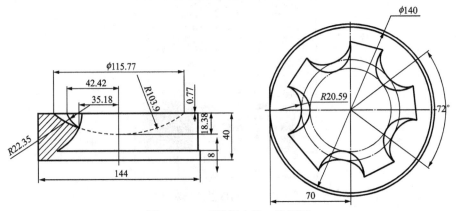

图 2-20-2　摩擦圆盘的二维视图

2.20.2 操作流程图

摩擦圆盘压铸模腔曲面造型的操作流程如图 2-20-3 所示。

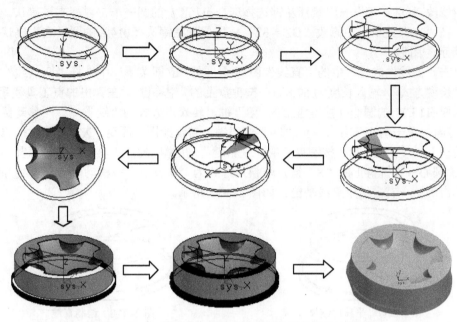

图 2-20-3　摩擦圆盘压铸模腔曲面造型的操作流程图

2.20.3 操作步骤

1. 线架结构绘制

（1）按"F5"快捷键，使作图平面为"XY 平面"。单击"曲线生成栏"中的"整圆"图标 ⊕ →在"立即菜单"中选择为"圆心_半径"方式→回车→在弹出的对话框内输入圆点的坐标（0，0，0）→回车→输入半径为 74→回车→输入半径为 70→回车→输入半径为 57.885→回车→右击结束圆弧的绘制，结果如图 2-20-4 所示。

（2）单击"曲线生成栏"中的"直线"图标 →在"立即菜单"中选择"水平"/"铅垂线"/"铅垂"选项→输入长度为 100→捕捉 φ140 的圆上 180°的型值点位置→右击结束直线的绘制，结果如图 2-20-5 所示。

（3）单击"线面编辑栏"中的"曲线裁剪"图标 →在"立即菜单"中选择"快速裁减"/"正常裁减"方式→拾取 φ148 的圆和铅垂线将多余曲线裁减，结果如图 2-20-6 所示。

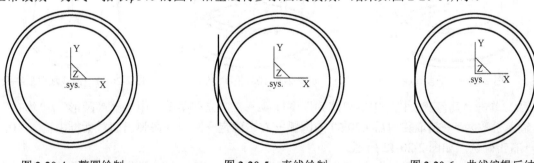

图 2-20-4　整圆绘制　　　　　图 2-20-5　直线绘制　　　　　图 2-20-6　曲线编辑后结果

(4) 按 "F8" 快捷键，用轴测图显示方式。单击 "几何变换栏" 中的 "移动" 图标→在 "立即菜单" 中选择 "偏移量" / "拷贝" 方式，输入："DX = 0" / "DY = 0" / "DZ = 8"→选择 φ148 的圆和直线→右击确认→在 "立即菜单" 中选择 "移动" 方式→选择 φ140 的圆→右击确认→在 "立即菜单" 中修改 "DZ = 40"→用鼠标左键选择选择 φ115.77 的圆→单击鼠标右键确认，选择 "拷贝" 方式，在 "立即菜单" 中修改 "DZ = 32"→用鼠标左键选择 φ140 的圆→右击确认，得到如图 2-20-7 所示的图形。

(5) 单击 "曲线生成栏" 中的 "直线" 图标→在 "立即菜单" 中选择 "两点线" / "连续" / "正交" / "长度方式"，输入长度为 57.885→按键盘上的 "空格键"，在弹出的点工具栏里选择 "圆心点"→拾取 φ115.77 的圆心→按键盘上的 "S" 键，转换点方式为 "缺省点"→移动鼠标使直线沿 X 轴负方向，单击确认→右击→按 "F9" 快捷键，转换绘图平面至 "XZ 平面"→修改 "立即菜单" 中的输入长度为 18.38→按键盘上的 "空格键"，在弹出的点工具栏里选择 "圆心点"→拾取 φ115.77 的圆心→按键盘上的 "S" 键，转换点方式为 "缺省点"→移动鼠标使直线方向沿 Z 轴负方向，单击确认→右击结束直线功能，如图 2-20-8 所示。

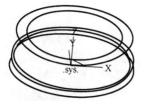
图 2-20-7　平移后结果

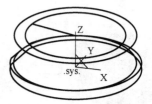
图 2-20-8　绘制直线

(6) 单击 "曲线生成栏" 中的 "等距线" 图标→在 "立即菜单" 中选择 "单根曲线/等距" 方式→输入距离为 35.18→拾取长度为 18.38 的直线→等距方向选择朝 X 轴负方向→将 "立即菜单" 中的距离改为 42.42→拾取原来绘制的长度为 18.38 的直线→等距方向选择朝 X 轴负方向→将 "立即菜单" 中的距离改为 20.59→拾取第二次等距的直线→等距方向选择朝 X 轴负方向→右击结束，如图 2-20-9 所示。

(7) 按 "F9" 快捷键，转换绘图平面至 "XY 平面"。单击 "曲线生成栏" 中的 "整圆" 图标→在 "立即菜单" 中选择 "圆心_半径" 方式→拾取最后等距的那条直线的端点→回车→输入半径 20.59→回车确认，如图 2-20-10 所示。

(8) 按 "F5" 快捷键，使作图平面为 "XY 平面"。单击 "线面编辑栏" 中的 "曲线裁剪" 图标→在 "立即菜单" 中选择 "快速裁减/正常裁减" 方式→拾取多余曲线裁减，结果如图 2-20-11 所示。

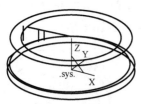
图 2-20-9　平移直线

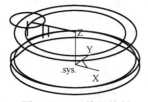
图 2-20-10　整圆绘制

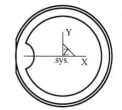
图 2-20-11　曲线裁剪后结果

(9) 单击 "几何变换栏" 中的 "阵列" 图标→在 "立即菜单" 中选择 "圆形" / "均布" 方式，输入份数为 5→拾取裁剪后 R20.59 的圆弧→右击确定→回车→在弹出的对话框中输入（0，0，0）→右击确认，如图 2-20-12 所示。

(10) 单击 "线面编辑栏" 中的 "曲线裁剪" 图标→在 "立即菜单" 中选择 "快速裁减" / "正常裁减" 方式→拾取 φ115.77 圆上多余曲线裁减，结果如图 2-20-13 所示。

（11）按"F8"快捷键，用轴测图显示方式。单击"几何变换栏"中的"移动"图标→在"立即菜单"中选择"偏移量"/"拷贝"方式，输入："DX = 0"/"DY = 0"/"DZ = −0.77"→选择裁减后的ϕ115.77 与 R20.59 的圆弧→右击确认→在"立即菜单"中选择"移动"方式→选择前面绘制及等距的所有直线→右击确认，如图 2-20-14 所示。

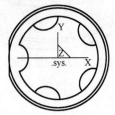
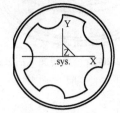
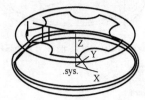

图 2-20-12　阵列后结果　　　　图 2-20-13　曲线裁剪后结果　　　　图 2-20-14　0.77 止口曲线绘制

（12）按"F9"快捷键，转换绘图平面至"XZ 平面"。单击"曲线生成栏"中的"圆弧"图标→在"立即菜单"中选择 "两点_半径"方式→拾取直线的端点作 R103.9 和 R22.35 的圆弧，如图 2-20-15 所示，图 2-20-16 是其局部放大图。

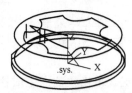
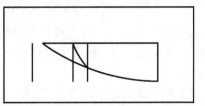

图 2-20-15　旋转面母线绘制　　　　　　图 2-20-16　绘制圆弧放大图

2. 曲面生成

（1）旋转面的生成。单击"曲面工具栏"中的"旋转面"图标→在"立即菜单"中输入旋转参数，"起始角为 0/终止角为−36"→拾取如图 2-20-17 中平行于 Z 轴的直线作为旋转轴→选择 Z 轴正方向为旋转方向→拾取 R103.9 的圆弧作为母线，旋转曲面生成，如图 2-20-18、图 2-20-19 所示→在"立即菜单"中修改终止角为 90°→拾取如图 2-20-19 中平行于 Z 轴且距中心最远的一条直线为旋转轴线→选择 Z 轴正方向为旋转方向→拾取 R22.35 的圆弧，旋转曲面生成，结果如图 2-20-21 所示。

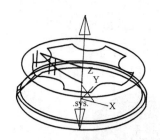
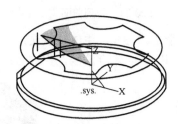
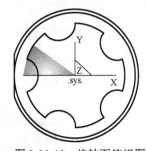

图 2-20-17　旋转轴和方向选择　　　图 2-20-18　旋转面（R103.9）　　　图 2-20-19　旋转面俯视图

（2）单击"线面编辑栏"中的"曲面裁减"图标→在"立即菜单"中选择"面裁减"/"裁减"/"相互裁减"→拾取其中一个旋转曲面作为被裁减曲面→拾取另一个旋转曲面作为剪刀曲面，结果如图 2-20-22 所示。

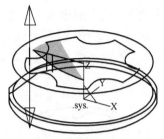 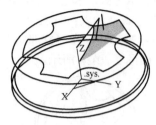 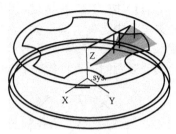

图 2-20-20　旋转轴和方向选择　　　图 2-20-21　旋转面（R22.35）　　　图 2-20-22　曲面裁剪后结果

 注意

拾取曲面时要拾取需保留的部分。

（3）镜像曲面。按"F5"快捷键，转换绘图平面至"XY 平面"。单击"几何变换栏"中的"镜像"图标 → 在"立即菜单"中选择"拷贝"方式→拾取平行于 X 轴的直线的端点作为镜像轴首点→拾取该直线的另一端点作为镜像轴末点→拾取两个裁减后的曲面→右击确认，如图 2-20-23 所示。

（4）阵列曲面。单击"几何变换栏"中的"阵列"图标 → 在"立即菜单"中选择"圆形"/"均布"方式/输入份数为 5→选择所有曲面→右击确定→回车→输入（0，0，0）→回车，结果如图 2-20-24 所示。

（5）直纹面的生成。按"F8"快捷键，使用轴测图显示方式。单击"曲面生成栏"中的"直纹面"图标 → 在"立即菜单"中选择"曲线+曲线"方式→拾取 Z0 平面φ148 的圆弧→拾取 Z8 平面φ148 的圆弧，直纹面生成，如图 2-20-25 所示。

  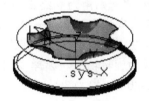

图 2-20-23　镜像曲面　　　　　图 2-20-24　阵列曲面　　　　　图 2-20-25　直纹面

拾取 Z0 平面的直线→拾取 Z8 平面的直线，生成直纹面，如图 2-20-26 所示。

拾取 Z8 平面φ140 的圆→拾取 Z40 平面φ140 的圆，生成直纹面，如图 2-20-27 所示。

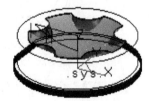 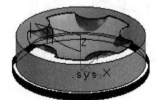

图 2-20-26　直纹面　　　　　　　　　　图 2-20-27　直纹面

拾取 Z40 平面的一个φ115.77 的圆弧→拾取 Z39.23 平面与前一个圆弧对应的φ115.77 的圆弧，生成直纹面，如图 2-20-28 所示。

拾取 Z40 平面的 R20.59 的圆弧→拾取 Z39.23 平面与前一个圆弧对应的 R20.59 的圆弧，生成直纹面，如图 2-20-29 所示。

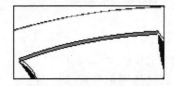
图 2-20-28　止口直纹面（φ115.77）

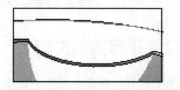
图 2-20-29　止口直纹面（R20.59）

 注意

在拾取相邻曲线时，鼠标的拾取位置应尽量保持一至（端点位置相对应），这样才能保证得到正确的直纹面结果。

（6）阵列曲面，止口曲面的生成。单击"几何变换栏"中的"阵列"图标→在"立即菜单"中选择"圆形"/"均布"方式，输入份数为 5→选择 φ115.77 的圆弧生成的直纹面和 R20.59 的圆弧生成的直纹面→右击确定→回车→输入（0，0，0）作为阵列中心点→回车确认，止口曲面生成，如图 2-20-30 所示。

（7）裁减平面的生成。单击"曲面生成栏"中的"平面"图标→在"立即菜单"中选择"裁减平面"方式→拾取 Z0 平面 φ148 的圆弧→确定链搜索方向（用鼠标点取箭头）→右击确定，生成平面，如图 2-20-31 所示。

图 2-20-30　止口曲面阵列

图 2-20-31　底面裁剪平面生成

拾取 Z8 平面 φ148 的圆弧→确定链搜索方向（用鼠标点取箭头）→拾取 Z8 平面 φ140 的圆→右击确定，生成平面，如图 2-20-32 所示。

拾取 Z40 平面 φ140 的圆弧→确定链搜索方向（用鼠标点取箭头）→拾取 Z40 平面 φ115.77 的圆弧→确定链搜索方向（用鼠标点取箭头）→右击确定，生成平面，如图 2-20-33 所示。

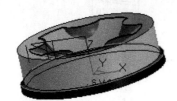
图 2-20-32　台阶裁剪平面生成

图 2-20-33　顶部裁剪平面生成

（8）单击"标准工具栏"中的"拾取过滤设置"图标→在"拾取过滤器"对话框中选择清除选择"空间曲面"→单击"确定"→单击"菜单条"里的"编辑"→"隐藏"→框选整个图形→右击确定，将所有曲线隐藏，最终结果如图 2-20-1 所示。

第 21 单元　玩具组件曲面造型

2.21.1　项目实训说明

本实训范例玩具组件的曲面造型如图 2-21-1 所示，其二维图形及尺寸如图 2-21-2 所示。

特点是：根据该零件的二维视图进行曲面造型，先绘制 R110 的圆弧轮廓，再做 R100 的圆弧，R100 的曲面采用导动面；R6 的圆弧面也使用导动面绘制，R4 的过渡采用曲面过渡功能；剖视图中的斜面可采用放样面绘制；R22.5 的圆弧面可用旋转面绘制；其余可用裁减平面进行绘制。

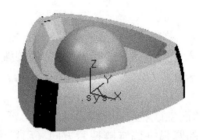

图 2-21-1　玩具组件的曲面造型

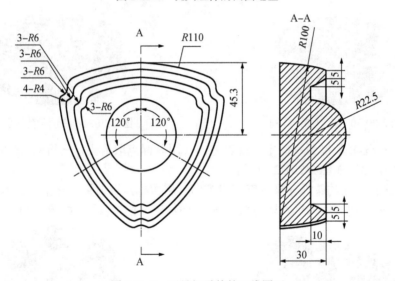

图 2-21-2　玩具组零件的二维图形

2.21.2　操作流程图

玩具组件造型的操作流程如图 2-21-3 所示。

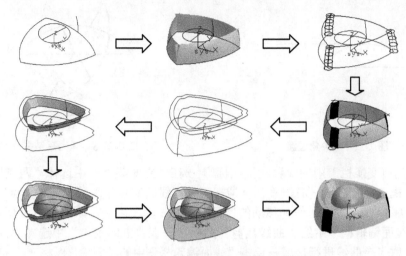

图 2-21-3　玩具组件造型的操作流程图

2.21.3　操作步骤

1. 底面线架的绘制

（1）按"F5"快捷键，使作图平面为"XY 平面"。单击"曲线生成栏"中的"圆弧"图标→在"立即菜单"中选择"圆心-半径-起终角"方式，输入起始角为 0，终止角为 180→回车，在对话框中输入（0，0，0）作为圆心点→回车确认输入半径 110→回车确认，结果如图 2-21-4 所示。

（2）单击"曲线生成栏"中的"直线"图标→在"立即菜单"中选择"两点线/单个/正交/点方式"→捕捉圆弧 90°位置的点→移动鼠标使直线沿 X 轴正方向→单击确认→右击结束该功能。结果如图 2-21-5 所示。

（3）单击"曲线生成栏"中的"等距线"图标→在"立即菜单"中选择"单根曲线"/"等距"，输入距离为 45.3→拾取上一步骤中的直线→选择等距方向为 Y 的负方向→右击结束该功能，结果如图 2-21-6 所示。

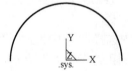
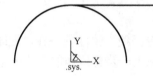
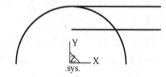

图 2-21-4　绘制 R110 圆弧　　　　图 2-21-5　绘制直线　　　　图 2-21-6　等距线

（4）单击"线面编辑栏"中的"过渡"图标→在"立即菜单"中选择"尖角"过渡方式→分别拾取圆弧和等距后的直线→重复此操作，得到图 2-21-7 所示的图形。

 注意

在拾取曲线时，鼠标的拾取位置应在曲线需保留的地方，才能得到正确的尖角过渡结果。

（5）单击"线面编辑栏"中的"删除"图标，直接拾取封闭图形外的直线，右击确认。

（6）单击"几何变换栏"中的"阵列"图标→在"立即菜单"中选择"圆形"/"均布"选项，输入份数为 3→回车→框选整个图形→右击确认→拾取直线的中点作为阵列的中心点，得到阵列后的结果如图 2-21-8 所示。

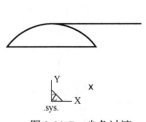
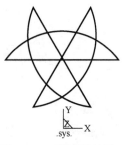

图 2-21-7　尖角过渡　　　　　　　图 2-21-8　阵列后结果

（7）单击"几何变换栏"中的"移动"图标→在"立即菜单"中选择"两点"/"移动"/"非正交"方式→框选整个图形→右击确认→捕捉三条直线的交点作为移动的"基点"→回车→在弹出的对话框中输入（0，0，0）作为移动的"目标点"→回车确认，如图 2-21-9 所示。

（8）单击"线面编辑栏"中的"曲线裁剪"图标→在"立即菜单"中选择"快速裁减"/"正常裁减"→拾取多余曲线进行裁减→单击"线面编辑栏"中的"删除"图标→拾取要删除的曲线→右击确认，如图 2-21-10 所示。

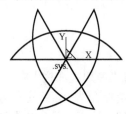
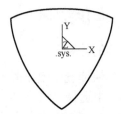

图 2-21-9　平移后结果　　　　　　　图 2-21-10　曲线编辑后结果

（9）按"F8"快捷键，视角为轴测图。按"F9"快捷键，转换作图平面为"YZ 平面"。单击"曲线生成栏"中的"圆弧"图标→在"立即菜单"中选择"起点-半径-起终角"方式/输入"半径为100，起始角为0，终止角为30°"→捕捉 R110 圆弧的 90°型值点位置为圆弧起点→右击结束，如图 2-21-11 所示。

（10）单击"曲线生成栏"上的"直线"图标→在"立即菜单"中选择"两点线"/"单个"/"正交"/"点方式"选项→捕捉圆弧 R110 与 R100 的交点→移动鼠标使直线沿 Y 轴负方向，单击"确认"，如图 2-21-12 所示。

（11）单击"曲线生成栏"中的"等距线"图标→在"立即菜单"中选择"单根曲线"/"等距"选项，输入距离为30→回车→拾取上一步骤所作的直线→选择 Z 轴的正方向为"等距方向"，得到如图 2-21-13 所示的图形。

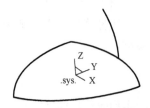
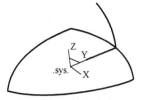
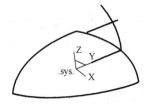

图 2-21-11　R110 圆弧的绘制　　　　图 2-21-12　直线绘制　　　　图 2-21-13　等距直线

（12）单击"线面编辑栏"中的"曲线裁剪"图标→在"立即菜单"中选择"快速裁减/正常裁减"→拾取等距直线以上的圆弧部分进行裁减→单击"线面编辑栏"中的"删除"图标→拾取两条直线→右击确认，如图 2-21-14 所示。

2. R22.5 圆弧的线架绘制

（1）按"F9"快捷键，转换作图平面为"XY 平面"。单击"曲线生成栏"中的"整圆"图标 ⊙→在"立即菜单"中选择"圆心-半径"方式→回车→输入（0，0，20）作为圆心→回车→输入半径值为22.5→回车，得到如图 2-21-15 所示图形。

（2）单击"曲线生成栏"中的"直线"图标 /→在"立即菜单"中选择"两点线"/"单个"/"非正交"方式→捕捉圆 R22.5 的 90°的型值点→捕捉圆 R22.5 的 270°的型值点→右击结束，结果如图 2-21-16 所示。

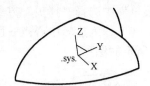
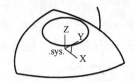

图 2-21-14　曲线编辑后结果　　　图 2-21-15　R22.5 圆弧绘制　　　图 2-21-16　直线绘制

3. R100 导动面的绘制

（1）单击"曲面生成栏"中的"导动面"图标→在"立即菜单"中选择"平行导动"方式→拾取 R100 的圆弧作为导动线→选择朝 Z 轴正方向为导动方向→拾取与 R100 相交的 R110 的圆弧作为截面曲线，生成一个导动面，如图 2-21-17 所示。

（2）按"F9"快捷键，转换作图平面为"XY 平面"。单击"几何变换栏"中的"平面旋转"图标→在"立即菜单"中选择"拷贝"方式，输入份数为2，角度为 120°→回车→在弹出的对话框中输入（0，0，0）作为旋转中心点→回车确认→拾取曲面，右击确定，如图 2-21-18 所示。

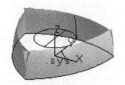

图 2-21-17　一个导动面生成　　　图 2-21-18　平面旋转后结果

4. 曲面边界线、曲面交线的生成

（1）单击"曲线生成栏"中的"相关线"图标→在"立即菜单"中选择"曲面边界线/单根"→分别拾取三个曲面，生成如图 2-21-19 所示的曲面边界线。

 注意

拾取曲面的位置要在需要生成边界线的附近。

（2）单击"曲线生成栏"中的"相关线"图标→在"立即菜单"中选择"曲面交线"→拾取任意两个面，作出一条曲面交线，如图 2-21-20 所示。

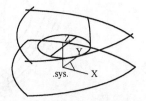
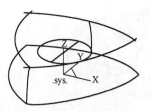

图 2-21-19　曲面边界线生成　　　图 2-21-20　曲面交线生成

5. R6 的导动面的生成

(1) 单击"曲线生成栏"中的"整圆"图标⊙→在"立即菜单"中选择"圆心_半径"方式→拾取曲面交线与底面圆弧的交点作为圆心点→回车→输入半径为 6→回车确认,结果如图 2-21-21 所示。

(2) 单击"曲面工具栏"中的"导动面"图标→在"立即菜单中"选择"平行导动"方式→拾取曲面交线作为导动线→选择导动方向往 Z 轴正方向→拾取 R6 的圆作为截面曲线→生成一个导动面,如图 2-21-22 所示。

(3) 单击"几何变换栏"中的"平面旋转"图标→在"立即菜单"中选择"拷贝"方式,输入份数为 2,角度为 120°→回车→在弹出的对话框中输入(0,0,0)作为旋转中心点→回车确认→拾取上一步骤所作的导动曲面→右击确定,得到如图 2-21-23 所示的图形。

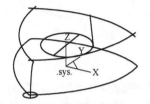
图 2-21-21 整圆 R6 的绘制

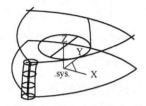
图 2-21-22 R6 的导动面

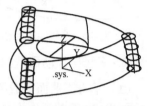
图 2-21-23 平面旋转后结果

6. 过渡曲面的生成

单击"线面编辑栏"中的"曲面过渡"图标→在"立即菜单中"选择"两面过渡"/"等半径"方式,输入半径为 4,选择"裁减两面"→拾取第一张曲面 R100 的导动面→选择朝内部的方向为过渡方向→拾取第二张曲面 R6 的导动面→选择朝内部的方向为过渡方向→生成过渡曲面。使用同样的方法将所有过渡曲面生成,如图 2-21-24 所示。

7. 裁减平面的边界线、放样面的截面线的绘制

(1) 单击"标准工具栏"中的"拾取过滤器"图标→在"拾取过滤器"对话框中选择"清除所有类型",选中"空间曲面"→单击"确定"按钮。

(2) 单击"菜单条"中的"编辑"→"隐藏"→框选整个图形→右击确定,将所有曲面隐藏,如图 2-21-25 所示。

(3) 单击"标准工具栏"中的"拾取过滤设置"图标→在"拾取过滤器"对话框中选择"选中所有类型",单击"确定"按钮。

(4) 按"F5"快捷键,转换作图平面为"XY 平面"。单击"曲线生成栏"中的"等距线"图标→在"立即菜单"中选择"单根曲线"/"等距",输入距离为 5,选择精度取默认值→拾取曲面边界线→选择朝内部的方向为等距方向→拾取刚才等距的曲线再向内部等距 5mm,得到如图 2-21-26 所示的图形。

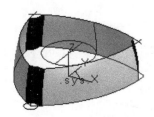
图 2-21-24 生成过渡曲面

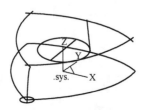
图 2-21-25 隐藏曲面

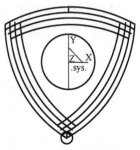
图 2-21-26 等距后结果

（5）单击"曲线生成栏"中的"整圆"图标 ⊙ →在"立即菜单"中选择"圆心-半径"方式→拾取曲面边界线交点作为圆心点→回车→输入半径为 6→回车确认→拾取第一次等距线的任意一个交点作为圆心点→回车→输入半径为 6→回车确认→拾取第二次等距线的任意一个交点作为圆心点→回车→输入半径为 6→回车确认，如图 2-21-27 所示。

（6）单击"线面编辑栏"中的"过渡"图标 →在"立即菜单中"选择"圆弧过渡"，输入半径为 4，"裁减曲线 1-裁减曲线 2"/"精度默认"→拾取 R6 整圆→拾取与 R6 相交的曲线，生成过渡圆弧→使用同样的方法，完成 4 个 R6 整圆与相交曲线的过渡，结果如图 2-21-28 所示。

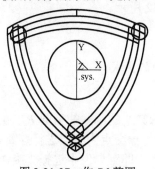
图 2-21-27 作 R6 整圆

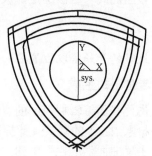
图 2-21-28 过渡后结果

（7）单击"几何变换栏"中的"平面旋转"图标 →在"的立即菜单"中选择"拷贝"方式→输入份数为 2，角度为 120°→回车→在弹出的对话框中输入（0，0，0）作为旋转中心点→回车确认→拾取上一步作的所有 R4 的过渡圆弧与 R6 圆弧→右击确定，完成所有过渡圆弧、R6 圆弧的旋转，结果如图 2-21-29 所示。

（8）单击"线面编辑栏"中的"过渡"图标 →在"立即菜单"中选择"尖角"过渡方式→根据零件的二维图形（如图 2-21-2 所示），拾取旋转后的 R4 的过渡圆弧→拾取与 R4 相交的曲线→重复此操作，得到图 2-21-30 所示的图形。

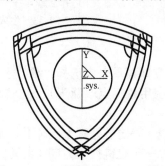
图 2-21-29 平面旋转 R4、R6 圆弧

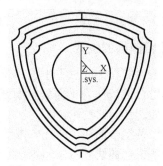
图 2-21-30 尖角过渡后结果

注意

在进行"尖角"过渡时，拾取位置要在尖角过渡附近，若生成失败，可将该处图形放大重新拾取。

（9）单击"线面编辑栏"中的"曲线组合"图标 →在"立即菜单"中选择"删除原曲线"→拾取曲线，依次生成 4 条组合曲线。

注意

组合曲线时，拾取曲线时的开始拾取位置要一致。否则会影响放样面的生成。

（10）单击"几何变换栏"中的"平移"图标→在"立即菜单"中选择"偏移量"/"移动"方式，输入："DX = 0"/"DY = 0"/"DZ = -10"→拾取最里面的一条组合曲线→右击确认，如图 2-21-31 所示。

8．放样面的生成

单击"曲面工具栏"中的"放样面"图标→在"立即菜单"中选择"截面曲线-不封闭-精度默认"→拾取第三条组合曲线（由外向内数）作为一条截面曲线→拾取最里面的一条组合曲线作为另一条截面曲线→右击确定，放样面生成，如图 2-21-32 所示。

注意

拾取曲线时的开始拾取位置要一致，否则会影响放样面的生成。

9．旋转曲面的生成

（1）单击"线面编辑栏"中的"打断"图标→拾取 R22.5 的圆→捕捉圆 R22.5 与直线的交点为断点→拾取 R22.5 的圆弧→捕捉 R22.5 的圆弧与直线的另一交点为断点进行打断。

（2）单击"曲面生成栏"中的"旋转面"图标→在"立即菜单"中选择"旋转面"方式，输入起始角为 0，终止角为 180°→拾取与 R22.5 圆弧相交的直线作为旋转轴线→选择往 Y 轴的正方向作为旋转方向→拾取圆弧 R22.5，旋转曲面生成，结果如图 2-21-33 所示。

（3）单击"线面编辑栏"中的"删除"图标→直接拾取旋转轴线→右击确认。

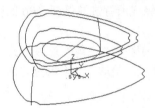
图 2-21-31　平移组合曲线

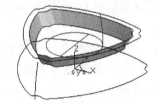
图 2-21-32　生成放样面

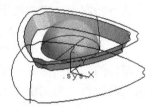
图 2-21-33　生成旋转面

10．裁减曲面的生成

（1）单击"曲面生成栏"中的"平面"图标→在"立即菜单"中选择"裁剪平面"方式→拾取底面的组合曲线作为平面外轮廓线→确定链搜索方向（用鼠标点取箭头）→右击确定，生成裁剪平面，如图 2-21-34 所示。

拾取第二条组合曲线（由外向内数）作为平面外轮廓线→确定链搜索方向（用鼠标点取箭头）→拾取第三条组合曲线（由外向内数）作为第一个内轮廓线→确定链搜索方向（用鼠标点取箭头）→右击确定，生成裁剪平面，如图 2-21-35 所示。

拾取最里面的一条组合曲线作为平面外轮廓线→确定链搜索方向（用鼠标点取箭头）→拾取 R22.5 的圆弧作为第一个内轮廓线→确定链搜索方向（用鼠标点取箭头）→右击确定，生成裁剪平面，如图 2-21-36 所示。

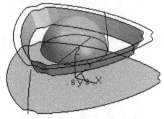
图 2-21-34　裁剪平面的生成 1

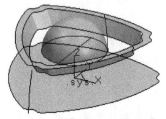
图 2-21-35　裁剪平面的生成 2

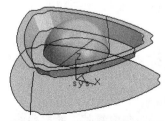
图 2-21-36　裁剪平面的生成 3

11. 完成零件图形

（1）单击"菜单条"里的"编辑"→"可见"→框选整个图形→右击确定，将所有隐藏的曲线曲面可见，如图 2-21-37 所示。

（2）单击"标准工具栏"中的"拾取过滤设置"图标 →在"拾取过滤器"对话框中勾选"空间曲面"→单击"确定"按钮。

（3）单击"菜单条"里的"编辑"→"隐藏"→框选整个图形，将所有曲线隐藏，最终结果如图 2-21-38 所示。

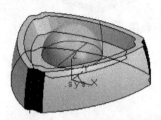
图 2-21-37　曲线曲面可见

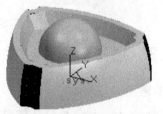
图 2-21-38　零件曲面造型结果

第 22 单元　旋钮曲面造型

2.22.1　项目实训说明

本实训范例旋钮的曲面造形如图 2-22-1 所示，旋钮零件三维视图如图 2-22-2 所示。

图 2-22-1　旋钮曲面造型

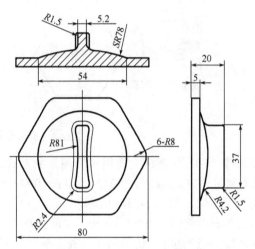
图 2-22-2　旋钮零件三维视图

实训造型特点：要求看懂旋钮零件图，熟练构造线架结构，采用"扫描面"、"旋转面"、"平面"、"曲面过渡"等命令进行曲面造型。

2.22.2　操作流程图

旋钮曲面造型操作流程图 2-22-3 所示。

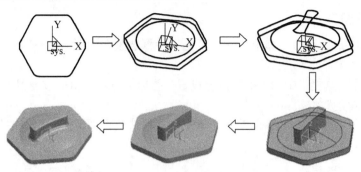

图 2-22-3　旋钮曲面造型操作流程图

2.22.3　操作步骤

1. 线框造型

（1）按"F5"快捷键，转换作图平面为"XY 平面"。根据图 2-22-2 所示尺寸，单击"正多边形"图标→在"立即菜单"选择"中心"/边数设置为 6/"内接"方式→输入中心（0，0）→输入边起点（40，0），确认后，得到如图 2-22-4（a）所示的六边形。

（2）单击"曲线过渡"图标→在"立即菜单"中选择"圆弧过渡"→输入半径为 8，精度为默认值，"裁减曲线 1"/"裁减曲线 2"→依次拾取六边形相邻的直线→右击确认，如图 2-22-4（b）所示。

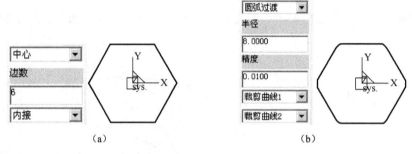

图 2-22-4　旋钮底部六边形线框绘制

（3）按"F8"快捷键，使用轴测图显示方式。单击"移动"图标→在"立即菜单"中选择"偏移量/拷贝"方式/输入："DX = 0/DY = 0/DZ = 5"→框选整个图形→右击确认，完成旋钮底板的空间线架结构，如图 2-22-5 所示。

（4）单击"整圆"图标→在"立即菜单"中选择"圆心_半径"方式→回车→在弹出的对话框内输入圆心点的坐标（0，0，5）→回车确认→回车，输入半径为 27→回车确认，结果如图 2-22-6 所示。

（5）在轴测图显示状态下，按"F9"快捷键转换作图平面为"XZ 平面"。单击"整圆"图标→在"立即菜单"中选择"圆心_半径"方式→分别拾取 R27 的圆的 0°、180°的型值点为圆心→输入半径为 78→拾取两圆的交点为圆心→输入半径为 78，确认后如图 2-22-7（a）所示。

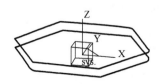

图 2-22-5　平移六边形

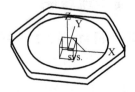

图 2-22-6　绘制 φ54 圆

（6）单击"删除"图标 ⌀→拾取两辅助圆→右击确定→单击"曲线裁剪"图标 ⌘→在"立即菜单"中选择"快速裁减"/"正常裁减"→拾取圆裁减，结果如图 2-22-7（b）所示。

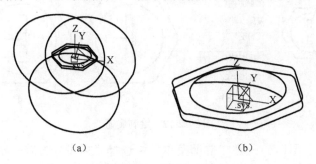

图 2-22-7　绘制 SR78

（7）单击"直线"图标 ／→在"立即菜单"中选择"两点线"/"连续"/"正交"/"点方式"→捕捉 R78 圆弧的中点→捕捉 R27 整圆的圆心，完成旋转轴线的绘制，如图 2-22-8 所示。

（8）单击"曲线裁剪"图标 ⌘→在"立即菜单"中选择"快速裁减"/"正常裁减"→拾取圆弧一端裁减，结果如图 2-22-9 所示。

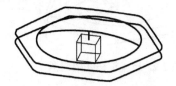
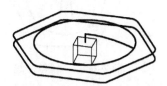

图 2-22-8　旋转轴线绘制　　　　　　　　图 2-22-9　裁剪母线

（9）按"F5"快捷键，转换作图平面为"XY 平面"。单击"矩形"图标 □→在"立即菜单"中选择"中心_长_宽"，输入："长度=5.200"/"宽度=37.00"→回车→在弹出的对话框内输入矩形中心点的坐标（0，0，20）→回车确认，如图 2-22-10 所示。

（10）单击"整圆"图标 ⊕→在"立即菜单"中选择"圆心_半径"方式→拾取矩形左边直线中点为圆心→输入半径为 81→拾取已绘制的 R81 圆的 180° 型值点为圆心→输入半径为 81，确认后如图 2-22-11 所示。

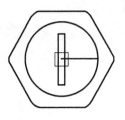
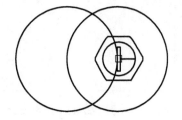

图 2-22-10　矩形绘制　　　　　　　　图 2-22-11　整圆绘制

（11）单击"曲线裁剪"图标 ⌘→在"立即菜单"中选择"快速裁减"/"正常裁减"→拾取圆裁减，单击"删除"图标 ⌀→拾取辅助圆→右击确定，如图 2-22-12（a）所示。单击"曲线过渡"图标 ⌐→在"立即菜单"中选择"圆弧过渡"，输入半径为 2.4，精度默认，"裁减曲线 1"/"裁减曲线 2"，如图 2-22-12（b）所示→拾取圆弧与矩形直线，过渡圆弧即形成，如图 2-22-12（c）所示。单击"删除"图标 ⌀→拾取矩形左右两边的直线→右击确定，如图 2-22-12（d）所示。

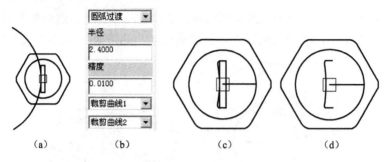

图 2-22-12 绘制旋钮

（12）单击"镜像"图标 → 在"立即菜单"中选择"拷贝"方式 → 拾取镜像轴首点、末点（可以选择矩形两条直线的中点）→ 选择 $R81$、$R2.4$ 圆弧，右击确认，如图 2-22-13 所示。至此，旋钮的线架造型完成，如图 2-22-14 所示。

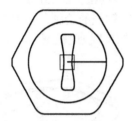 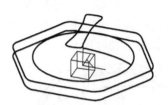

图 2-22-13 镜像曲线　　　　　图 2-22-14 旋钮线架造型

2. 曲面造型

（1）单击"层设置"图标，新建一图层，设置名称为"曲面"，设置颜色，设为当前图层，如图 2-22-15 所示。

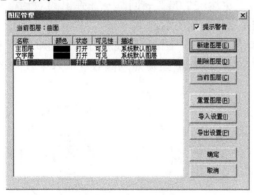 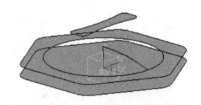

图 2-22-15 图层设置　　　　　图 2-22-16 生成裁剪平面

（2）单击"曲面生成栏"中的"平面"图标 → 在"立即菜单"中选择"裁减平面"方式 → 拾取 Z0 平面的六边形轮廓线，右击确定，生成平面 → 拾取 Z5 平面的六边形轮廓线及 $\phi 54$ 的圆，生成平面 → 拾取旋钮手柄轮廓线，生成平面，如图 2-22-16 所示。

（3）单击"扫描面"图标 → 在"立即菜单"中设置"扫描距离：5"，如图 2-22-17（a）所示 → 按键盘上的"空格键"，选择 Z 轴正方向为扫描方向 → 依次拾取 Z0 平面的六边形轮廓线，生成扫描曲面，如图 2-22-17（b）所示 → 在"立即菜单"中设置"扫描距离：15"如图 2-22-17（c）所示 → 按键盘上的"空格键"，选择 Z 轴负方向为扫描方向 → 拾取旋钮轮廓线，生成扫描曲面，如图 2-22-17（d）所示。

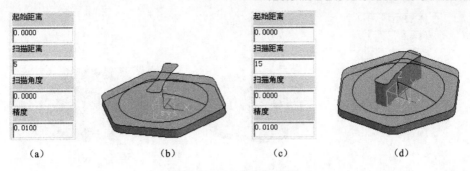

图 2-22-17 生成扫描面

（4）单击"旋转面"图标→在"立即菜单"中输入起始角为 0，终止角为 360°→拾取平行于 Z 轴的直线作为旋转轴→选择 Z 轴正方向为旋转方向→拾取 R78 的圆弧为母线，旋转曲面生成，如图 2-22-18 所示。

（5）隐藏所有曲线。单击"层设置"→将主图层可见性设为"隐藏"，如图 2-22-19 所示。

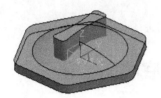
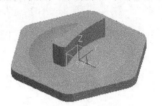

图 2-22-18　生成旋转面　　　　　　　图 2-22-19　隐藏曲线

3．曲面编辑

（1）单击"曲面过渡"图标→在"立即菜单"中选择"系列面过渡"/"等半径"，输入半径为 1.5，如图 2-22-20（a）所示→拾取第一系列曲面，如图 2-22-20（b）所示，右键确定→改变曲面方向，在曲面上拾取，使曲面的方向朝下→拾取第二系列曲面，依次拾取旋钮手柄侧面的曲面，如图 2-22-20（c）所示→改变曲面方向，在曲面上拾取，使各曲面的方向朝里，如图 2-22-20（d）所示→右键确定，R1.5 圆角过渡生成，如图 2-22-20（e）所示。

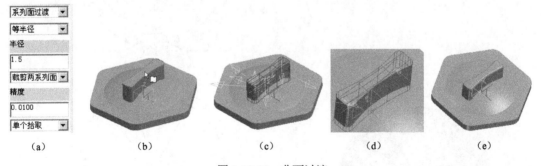

图 2-22-20　曲面过渡

（2）单击"曲面过渡"图标→在"立即菜单"中选择"系列面过渡"/"等半径"，输入半径为 4.2，如图 2-22-21（a）所示→拾取第一系列曲面，如图 2-22-21（b）所示，右击确定→改变曲面方向，在曲面上拾取，使曲面的方向朝上→拾取第二系列曲面，依次拾取旋钮手柄侧面的曲面，如图 2-22-21（c）所示→改变曲面方向，在曲面上拾取，使各曲面的方向朝外，如图 2-22-21（d）所示→右键确定，R4.2 圆角过渡生成，如图 2-22-21（e）所示。

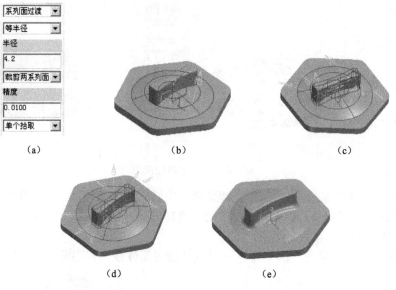

图 2-22-21 曲面过渡

第 23 单元 可乐瓶底曲面造型

2.23.1 项目实训说明

本实训范例可乐瓶底的曲面造型如图 2-23-1 所示，瓶底零件的二维视图如图 2-23-2 所示。

实训特点：要求看懂可乐瓶底零件图，熟练构造线架结构，采用"网格面"、"裁剪平面"命令进行曲面造型。

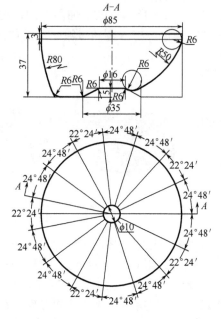

图 2-23-1 可乐瓶底曲面造型   图 2-23-2 可乐瓶底零件二维视图

2.23.2 操作流程图

可乐瓶底曲面造型的操作流程如图 2-23-3 所示。

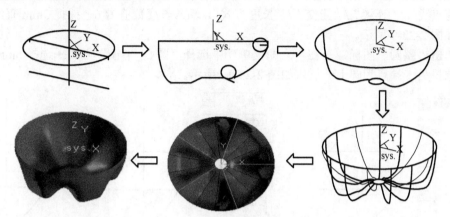

图 2-23-3　可乐瓶底曲面造型操作流程图

2.23.3 操作步骤

1. 线框造型

（1）按"F5"快捷键，转换作图平面为"XY 平面"。根据图 2-23-2 所示尺寸，单击"整圆"图标 ⊕→在"立即菜单"中选择"圆心_半径"方式→回车→在弹出的对话框内输入圆心点的坐标（0，0，0）→回车确认→回车，输入半径值为值为 42.5→回车确认，如图 2-23-4 所示。

（2）按"F7"快捷键，转换作图平面为"XZ 平面"。单击"曲线生成栏"中的"直线"图标 ╱→在"立即菜单"中选择"两点线"/"连续"/"正交"/"长度方式"方式，如图 2-23-5（a）所示→设定长度为 3→捕捉圆弧端点，如图 2-23-5（b）所示。

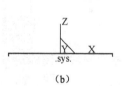

图 2-23-4　绘制 φ85 圆　　　　　　　　　图 2-23-5　绘制 3mm 直线

（3）按"F8"快捷键，使用轴测图显示方式。单击"直线" ╱ 图标→在"立即菜单"中选择"水平"/"铅垂线"/"水平+铅垂"，输入长度数值为 85→捕捉原点位置→回车确认，如图 2-23-6 所示。单击"等距线" 图标→在"立即菜单"中选择"单根曲线"/"等距"，输入距离值为 37→拾取水平线，等距方向往 Z 轴负方向→右击结束，结果如图 2-23-7 所示。

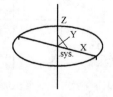

图 2-23-6　绘制直线　　　　　　　　　　图 2-23-7　绘制等距线

（4）按"F7"快捷键，转换作图平面为"XZ 平面"。单击"圆弧"图标 → 在"立即菜单"中选择做圆弧方式为"起点_半径_起终角"方式/输入："半径=80"/"起始角=180°"/"终止角=230"→选择 3mm 直线端点为起点，如图 2-23-8 所示。单击"直线"图标→在"立即菜单"中选择"两点线"/"连续"/"正交"/"长度方式"，输入长度数值为 6→捕捉 3mm 直线的另一端点位置，如图 2-23-9 所示。

（5）单击"整圆"图标 → 在"立即菜单"中选择"圆心_半径"方式→选择 6mm 直线端点为圆心→选择另一端点为圆上一点，如图 2-23-10 所示。

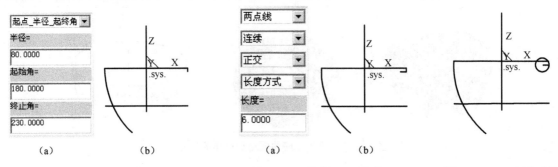

图 2-23-8　R80 圆弧绘制　　　　图 2-23-9　绘制 6mm 直线　　　　图 2-23-10　R6 圆弧绘制

（6）单击"等距线"图标 → 在"立即菜单"中选择"单根曲线"/"等距"，输入距离为 5→拾取最下端水平线为等距方向往 Z 轴正方向→输入距离为 8→拾取中间的铅垂线，等距方向往 X 轴负方向→输入距离为 17.5→拾取中间的铅垂线，等距方向为 X 轴负方向，结果如图 2-23-11 所示。

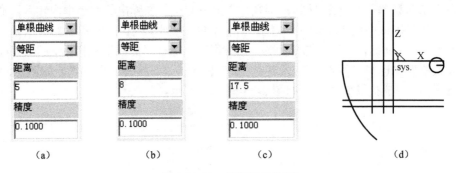

图 2-23-11　等距线的绘制

（7）单击"直线"图标 → 在"立即菜单"中选择"两点线"/"连续"/"非正交"→捕捉刚做的等距线交点，如图 2-23-12 所示。

（8）单击"曲线过渡"图标 → 在"立即菜单"中选择"圆弧过渡"，输入半径值为 6，选择"裁减曲线 1"/"裁减曲线 2"→拾取圆弧与直线，直线与直线，过渡圆弧即形成。单击"删除"图标 → 拾取两条铅垂线→右击确定，如图 2-23-13 所示。

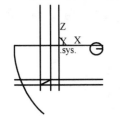 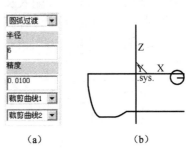

图 2-23-12　直线绘制　　　　　　图 2-23-13　曲线编辑

（9）单击"镜像"图标→在"立即菜单"中选择"拷贝"方式→拾取镜像轴首点、末点（选择中间铅垂线与水平线的交点）→选择斜线与过渡圆弧，右击确认。单击"曲线裁剪"图标→在"立即菜单"中选择"快速裁减"/"正常裁减"→拾取直线裁减。单击"删除"图标→拾取铅垂线→右击确定，如图 2-23-14 所示。

（10）单击"整圆"图标→在"立即菜单"中选择"两点_半径"方式→拾取第一点为直线切点→第二点为直线与圆弧的交点→输入半径值为 6，确认后如图 2-23-15 所示。

（11）单击"圆弧"图标→在"立即菜单"中选择做圆弧方式为"两点_半径"→第一点为切点，拾取 R6 圆的切点→第二点为切点，拾取另一个 R6 圆的切点→输入半径为 50，得到如图 2-23-16 的圆弧。

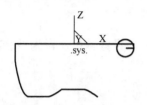 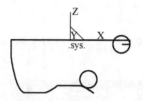 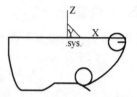

图 2-23-14　镜像曲线　　　图 2-23-15　R6 整圆绘制　　　图 2-23-16　R50 圆弧绘制

（12）按"F8"快捷键，使用轴测图显示方式。按"F9"快捷键，转换绘图平面至"XY 平面"。单击"整圆"图标→在"立即菜单"中选择"圆心_半径"方式→回车→输入圆心坐标（0，0，-32）→回车确认→回车，输入半径为 5→回车确认，如图 2-23-17 所示。

（13）单击"曲线裁剪"图标→在"立即菜单"中选择"快速裁减/正常裁减"→拾取直线、圆弧裁减。单击"删除"图标→拾取多余曲线→右击确定，结果如图 2-23-18 所示。

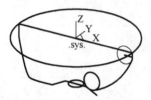 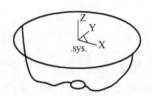

图 2-23-17　ϕ10 圆的绘制　　　图 2-23-18　曲线编辑

（14）单击"曲线组合"图标→按"空格键"，设置拾取方式为"限制链拾取"，如图 2-23-19 所示→拾取曲线→确定链搜索方向→拾取限制曲线→右键确认。以同样方法，生成如图 2-23-20 的两条曲线。

 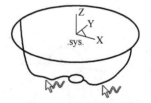

图 2-23-19　拾取设置　　　图 2-23-20　两条组合曲线

（15）单击"平面旋转"图标→在"立即菜单"中选择"固定角度"/"移动"，角度设置为 -11.2→选择原点为旋转中心→拾取上一步作的一条样条线→右击确定→在"立即菜单"中选择"固定角度"/"拷贝"/角度设置为 22.4→选择原点为旋转中心→拾取上一步旋转的样条线，结果如图 2-23-21 所示。

（16）单击"阵列"图标→在"立即菜单"选择"圆形阵列"/"均布"，输入："份数=5"→

拾取之前的三条样条线→右键确认→拾取原点为中心点，阵列结果如图 2-23-22 所示。

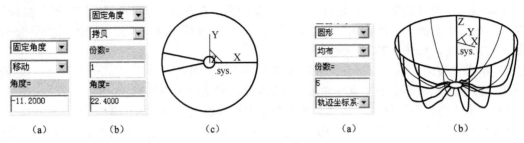

图 2-23-21　旋转曲线　　　　　　　　图 2-23-22　曲线阵列

2．曲面造型

（1）单击"层设置"图标 ，新建一图层，设置名称为"曲面"，设置颜色，设为当前图层，如图 2-23-23 所示。

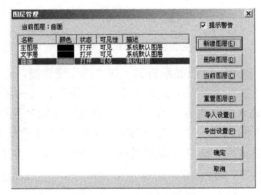

图 2-23-23　图层设置

（2）按"F5"快捷键，转换作图平面为"XY 平面"。单击"曲面生成栏"中的"网格面"图标 ✎→拾取 U 向截面线、拾取两圆，如图 2-23-24 所示→右键确认→拾取 V 向截面线，依次拾取各样条线，如图 2-23-25 所示→右键确认，生成曲面，如图 2-23-26 所示。

> 注意
> 拾取 U 向、V 向截面线时注意拾取的位置要一致，否则生成不了网格面。

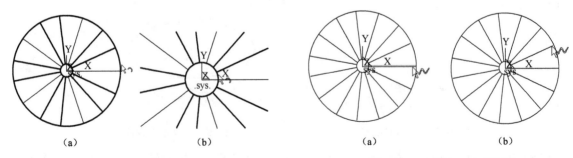

图 2-23-24　拾取 U 向截面线　　　　　图 2-23-25　拾取 V 向截面线

（4）单击"曲面生成栏"中的"平面"图标 ⌒→在"立即菜单"中选择"裁剪平面"方式→按"空格键"，选择拾取方式为"单个拾取"→拾取 $\phi 10$ 整圆的轮廓线，右击确定，生成平面，如图 2-23-27 所示。

（5）隐藏所有曲线。单击"图层管理"→选择"主图层"的可见性设为"隐藏"→确定后，如图 2-23-28 所示。

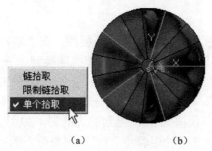
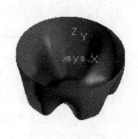

图 2-23-26　生成网格面　　　　图 2-23-27　生成裁剪平面　　　　图 2-23-28　可乐瓶底曲面造型

第 24 单元　斧头的造型

2.24.1　项目实训说明

本实训范例斧头的造型如图 2-24-1 所示，斧头的平面视图和轴侧图如图 2-24-2 所示。

实训的特点：造型的曲面都是由曲线搭建生成的，构造线架是曲面设计的难点。

在这一实训中，将要学习如何利用 3D 曲线来搭建曲线架构，如何利用制造工程师中优秀的曲面设计功能来完成复杂零件的造型。

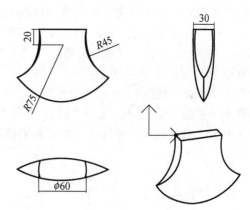

图 2-24-1　斧头的造型　　　　　　　　图 2-24-2　斧头的平面图和轴侧图

2.24.2　操作流程图

首先利用空间曲线构造斧头空间 3D 线架，生成旋转曲面，利用空间投影曲线功能获得投影曲线，最后利用边界面生成斧头各个曲面，利用曲面实体混和造型方法获得斧头实体。斧头曲面造型操作流程如图 2-24-3 所示。

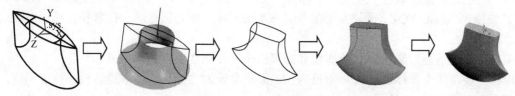

图 2-24-3　斧头曲面造型操作流程图

2.24.3 绘图步骤

1. 绘制斧头的基本线架

（1）根据图 2-24-2 所示的主视图，创建斧头的正面图：在"XOY 平面"上单击"直线"图标 ，绘制一长 60 的直线→向下等距 20→并将两直线端点连接起来→单击"圆"图标 →选择"圆心_半径"方式作圆→按"空格键"→选择捕捉点为中点→单击等距的直线→输入半径为 75→回车；继续绘圆，将捕捉点设为端点→单击 R75 的圆→输入半径值为 45，得到右边的圆；将捕捉点设为中点→选择 R75 的圆→输入半径值为 45，得到左边的圆，如图 2-24-4 所示。

单击"曲线裁剪"图标 →选择"快速裁剪"/"正常裁剪"的方式→单击不要的曲线，将多余的线裁剪掉，如图 2-24-5 所示。

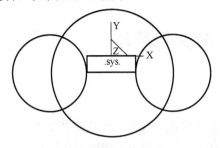
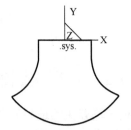

图 2-24-4　基本曲线　　　　　图 2-24-5　裁剪后的曲线

（2）构造空间曲线：单击"直线"图标 →选择"两点线"/"连续"/"正交"/"点方式" →分别选择裁剪后的 R75 圆弧的端点和通过坐标原点直线的端点绘制两条直线，如图 2-24-6 所示。

按"F9"快捷键，切换坐标平面为"XOZ 平面"→单击"等距线"图标 →选择"单根曲线"/"等距"的方式，输入："等距距离为 15"/"精度值为 0.100"→单击通过坐标原点直线→向两边各等距 15，如图 2-24-7 所示。

单击"圆弧"图标 →分别选择直线的端点、中点、端点绘制两条圆弧，如图 2-24-8 所示。

单击"整圆"图标 →选择"圆心_半径"方式绘圆→以坐标原点为圆心→输入半径 30→右击→单击"曲线裁剪"图标 →将多余的曲线裁剪掉，如图 2-24-9 所示。

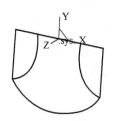
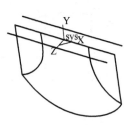

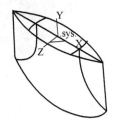

图 2-24-6　绘制两直线　　图 2-24-7　等距直线　　图 2-24-8　三点圆弧　　图 2-24-9　裁剪后的图形

2. 生成旋转面，获得曲面投影线

（1）生成旋转面：单击"直线"图标 →选择"两点线"/"连续"/"正交"/"点方式"→按"F9"快捷键，切换"YOZ 平面"为绘图平面→单击坐标原点为起点绘一任意长直线，如图 2-24-10 所示。

单击"曲线组合"图标 ，将直线和圆弧组合，如图 2-24-10 所示。

单击"旋转面"图标 →起止角设为 0，终止角设为 360°→拾取旋转轴→拾取母线，生成一旋转面，如图 2-24-11 所示。

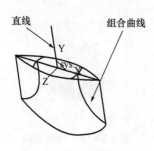

图 2-24-10　曲线组合　　　　　　图 2-24-11　旋转曲面

（2）生成投影曲线，获得斧头的所有空间线架：单击"相关线"图标 →"立即菜单"设置"曲面投影线"/"窗口拾取"→拾取曲面→拾取曲面旋转轴→单击向下的箭头，如图 2-24-12 所示→拾取两条三点圆弧作为投影曲线→右击，获得两条投影曲线，如图 2-24-13 所示；裁剪并删除掉多余的曲线和曲面获得斧头的整个空间曲线，如图 2-24-14 所示。

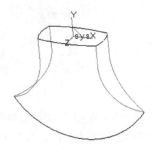

图 2-24-12　投影方向的选择　　　图 2-24-13　生成的投影曲线　　　图 2-24-14　斧头的空间曲线

3. 生成斧头曲面

生成边界曲面：单击"边界面"图标 →选择"四边面"→依次拾取斧头正面的 4 条曲线，得到正面曲面→重复"四边面"命令，获得另外的一面，如图 2-24-15 所示；选择"三边面"→拾取斧头侧面的 3 条边，得到侧面曲面→重复"三边面"命令，获得另外的一面；选择"四边面"→依次拾取顶面的 4 条边，获得斧头顶面，如图 2-24-16 所示。

图 2-24-15　四边面　　　　　　　图 2-24-16　三边面

4. 生成斧头实体

（1）绘制草图：单击特征树中的"XOY 平面"→右击→单击"创建草图"，进入草图绘制，如图 2-24-17 所示→单击"矩形"图标 →"立即菜单"设置为"中心_长_宽"方式，输入："长=150"/"宽=150"→在斧头中部单击一下（斧头全部在矩形中），绘制一个矩形如图 2-24-18 所示。

　　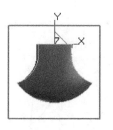

图 2-24-17　创建草图　　　　　　　图 2-24-18　绘制矩形

（2）生成拉伸实体：单击"拉伸增料"图标 → "拉伸增料"对话框的设置，如图 2-24-19 所示→单击"确定"按钮，生成如图 2-24-20 所示的实体。

　　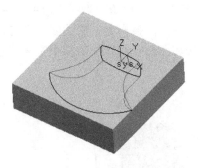

图 2-24-19　拉伸增料对话框　　　　图 2-24-20　拉伸增料生成实体

（3）利用"曲面裁剪除料"生成斧头实体：单击"曲面裁剪除料"图标 → "曲面裁剪除料"对话框设置如图 2-24-21 所示，框选整个实体→选择除料方向，如图 2-24-22 所示→单击"确定"按钮，如图 2-24-23 所示。

（4）利用"隐藏"功能将曲面、曲线隐藏：单击"编辑"→"隐藏"→框选整个实体（或用鼠标单个拾取曲面、曲线）→右击，实体上的曲面、曲线被隐藏了，最终结果如图 2-24-1 所示。

　　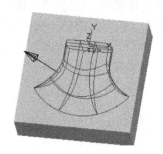　　

图 2-24-21　"曲面裁剪除料"对话框　　图 2-24-22　除料方向　　图 2-24-23　曲面裁剪除料后的实体

第 25 单元　吊耳的造型

2.25.1　项目实训说明

本实训范例吊耳的造型如图 2-25-1 所示，其二维视图如图 2-25-2 所示。

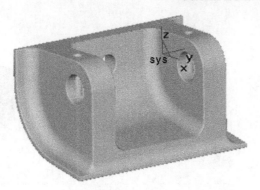

图 2-25-1 吊耳造型

造形特点：由于吊耳的形状比较特殊，因此在造型前首先应该考虑坐标系位置的选择；其次吊耳的外轮廓是不规则的曲面，因此在造型时不能使用一般的拉伸增料，而应该将整个曲面分成多个截面；然后将空间曲线投影到草图上，使用"放样增料"将各个截面整合，完成外轮廓曲面的实体造型。对于实体曲面上的支撑板，以及各个孔也可以在空间下绘制曲线，然后将空间曲线投影到草图上，利用实体拉伸增料和除料（双向、深度以及贯穿）来实现，最后使用过渡对孔和实体棱线进行过渡处理，完成吊耳实体造型。

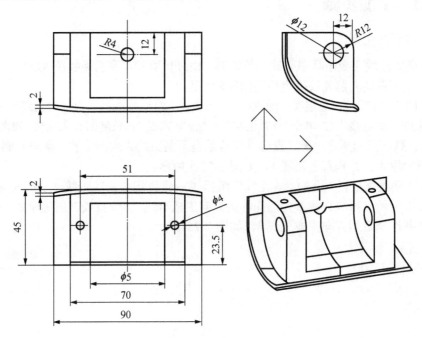

图 2-25-2 吊耳二维图

2.25.2 绘制流程图

吊耳曲面造型的操作流程如图 2-25-3 所示。

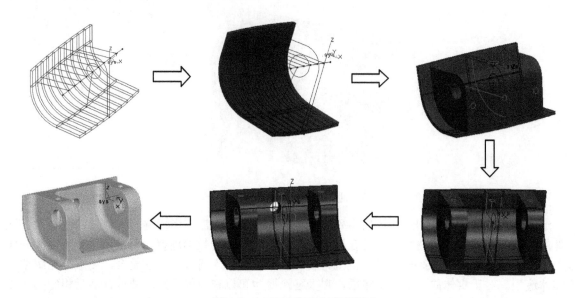

图 2-25-3　吊耳曲面造型流程图

2.25.3　绘图步骤

1．放样截面的生成

（1）利用空间曲线完成吊耳中心截面的绘制。由分析可知，我们需要在 XOZ 平面下绘制截面线，因此，在绘制曲线之前先要确定绘制曲线的平面。

（2）按"F7"快捷键，选定"平面 XOZ"→单击"曲线生成栏"上的"直线"图标→"立即菜单"中选择"两点线"/"单个"/"正交"/"长度方式"，长度值输入 45，如图 2-25-4 所示→绘制直线 1，第一点为原点，第二点可以任意单击所需直线方向的位置；同理绘制直线 2，长度为 46.2，起点为原点，并垂直于直线 1，如图 2-25-5 所示。

（3）单击"曲线生成栏"上的"等距线"图标→作直线 1 的等距线，距离为 46.2，"立即菜单"如图 2-25-6 所示→拾取直线 1 并选择等距方向生成直线 3；作直线 2 的等距线，等距距离为 2→拾取直线 2 并选择等距方向生成直线 4，如图 2-25-7 所示。

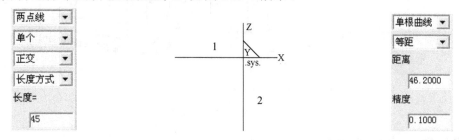

图 2-25-4　"直线"立即菜单　　图 2-25-5　绘制 1、2 两直线　　图 2-25-6　"等距线"立即菜单

（4）单击"线面编辑栏"上的"曲线过渡"图标→在"立即菜单"中选择"圆弧过渡"方式/"输入半径值为 12"/"精度为 0.01"→选择"裁剪曲线 1"/"裁剪曲线 2"，如图 2-25-8 所示→拾取直线 1 和直线 4 完成两直线的圆弧过渡，如图 2-25-9 所示。

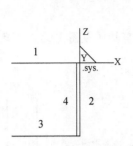  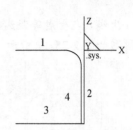

图 2-25-7　绘制 3、4 两直线　　图 2-25-8　"曲线过渡"立即菜单　　图 2-25-9　绘制圆弧

（5）用两点线将直线 1 和直线 3 连结起来得到直线 5，使图形封闭起来，如图 2-25-10 所示。

（6）单击"曲线生成栏"上的"直线"图标 / →"立即菜单"中选择"角度线"/"直线夹角"，输入："角度=-10°"，如图 2-25-11 所示→系统提示："拾取直线"→拾取底边直线 3→系统提示："拾取第一点"→捕捉直线 2 和直线 3 的交点，长度任意→单击任意点，得到直线 6，如图 2-25-12 所示。

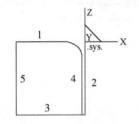  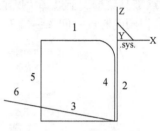

图 2-25-10　绘制直线 5　　　图 2-25-11　"直线"立即菜单　　图 2-25-12　绘制直线 6

（7）单击"曲线生成栏"上的"圆弧"图标 →"立即菜单"中选择"两点_半径"方式→按"空格键"→在"点工具菜单"中选取"切点"，如图 2-25-13 所示→分别拾取直线 5 和直线 6→回车→弹出的对话框中输入半径 30→回车，如图 2-25-14 所示。

 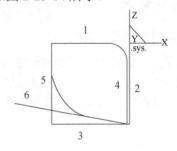

图 2-25-13　点工具菜单　　　　　图 2-25-14　绘制圆弧

 注意

在点工具菜单中如果选取了其他特征点，最好在使用后将特征点恢复为"缺省点"，否则在下次执行绘图命令时，不能正确拾取点造成不能正常绘图。

（8）单击"线面编辑栏"上中的"曲线裁剪"图标 →"立即菜单"中选择"快速裁剪"/"正常裁剪"方式，裁剪掉多余地线段，如图 2-25-15 所示。

至此通过绘图求得了三条曲线 a、b、c，而吊耳的曲面就是由这三条基本曲线组成的。

（9）单击"曲线生成栏"上的"等距线"图标 →分别作曲线 a、b、c 的等距线，距离为 2（曲面板的厚度），拾取直线并选择等距方向生成等距线，如图 2-25-16 所示。

注意

曲线c在生成等距线时会多出一小段,用"曲线裁剪"将它裁剪掉(见图形的右下角),放大的图形如图2-25-17所示。

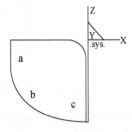
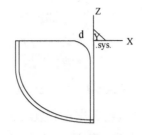

图 2-25-15 三条曲线a、b、c　　　图 2-25-16 生成等距线　　　图 2-25-17 裁剪掉一小段

(10)由于吊耳的穿孔与圆弧d是同心圆,因此我们可以利用圆弧d绘制出穿孔圆,单击"曲线生成栏"上的"整圆"图标 ⊕ →"立即菜单"中选择"圆心点_半径"方式→按"空格键"→在"点工具菜单"上选择"圆心",如图2-25-18所示→拾取圆弧d,如图2-25-16所示,系统会自动捕捉到圆心点→回车→输入半径值为6→回车→右击退出命令,结果如图2-25-19所示。

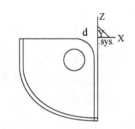

图 2-25-18 工具点菜单　　　　　图 2-25-19 绘制整圆

(11)对于大圆弧b的圆心点,只能通过画点的方式进行确定。单击"曲线生成栏"上的"点"图标 → "立即菜单"中选择"单个点工具点"方式,如图2-25-20所示→按"空格键"→"点工具菜单"上选择"圆心"→拾取大圆弧b,得到圆心点B,如图2-25-21所示。

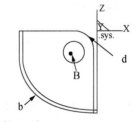

图 2-25-20 "点"立即菜单　　　图 2-25-21 大圆弧b的圆心点B

(12)用两点线将圆弧b的两个端点分别与圆心B相连接,如图2-25-22所示。

至此,我们就完成了吊耳中心截面的绘制,按"F8"快捷键观察其轴侧图,结果如图2-25-23所示。

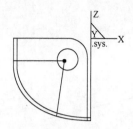
图 2-25-22 绘制两直线

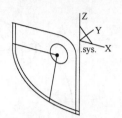
图 2-25-23 轴侧图

2. 利用空间线架生成多个截面

根据图纸分析可知曲面是由上下两条不同半径的圆弧组成，因此，在作截面之前必须先画出这两条圆弧，然后将圆弧等分，创建多个截面，最终实现放样增料生成曲面实体。

（1）作直线：通过图纸可知该直线是在"XOY 平面"上的，因此在画直线前，我们应该先确认绘图平面。按"F5"快捷键（XOY 平面），用"两点线"/"长度"方式画两条直线，第一点是圆心点 B，方向分别是 Y 的正、负半轴，该直线主要是用来画等分点，等分曲面圆弧，如图 2-25-24 所示。

（2）绘制另外两条直线，用来限定曲面圆弧的长度：绘制方法与上述步骤（1）直线的绘制方法基本一致，只是定位点分别为点 A 和点 C，得到直线 2 和直线 3，如图 2-25-25 所示。

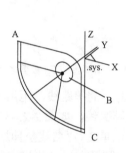
图 2-25-24 绘制直线 1

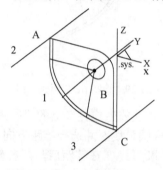
图 2-25-25 绘制直线 2、3

（3）作上下表面的圆弧线：在作圆弧之前，首先使用两点线作一条辅助直线，第一点是直线 2 的点位点 A，直线长度值为圆弧的半径值 623，如图 2-25-26 所示。用拾取第一点，第二点用鼠标点取 X 轴的正方向上任意位置，生成直线 4，如图 2-25-27 所示。

（4）单击"整圆"图标⊕，拾取直线 4 的端点 D 为圆心点，半径值为 623，完成整圆的绘制，如图 2-25-28 所示。

（5）使用"两点线"/"正交"/"长度方式"画两条直线。分别拾取直线 2 的两个端点，方向都为 X 轴的正方向，长度任意但要大于 2（建议长度为 10），绘制两条截线，如图 2-25-29 所示。

图 2-25-26 直线的立即菜单

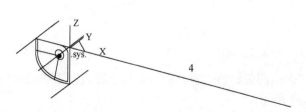
图 2-25-27 绘制直线 4

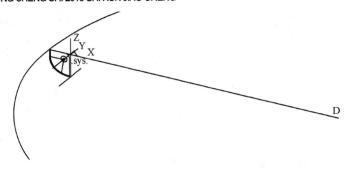

图 2-25-28 绘制整圆

然后利用删除工具将直线 2 删掉，用裁剪工具将多余的线段裁剪掉，只保留圆弧 5 和两条截线 6 和 7，如图 2-25-30 所示。

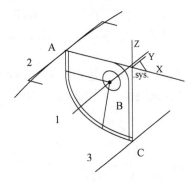 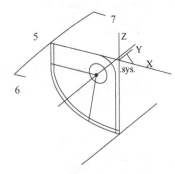

图 2-25-29 绘制 6、7 两条直线　　　图 2-25-30 删掉直线 2，裁剪多余的线段

（6）单击"曲线生成栏"上的"等距线"图标 ，作圆弧线 5 的等距线，距离为 2（曲面板的厚度）。拾取圆弧线 5 并选择等距方向（X 轴的正方向）生成圆弧线，如图 2-25-31 所示。

（7）如果圆弧线 5 在等距后与两条截线 6 和 7 不相交，可以单击"曲线拉伸"图标 ，将圆弧线拉伸一定长度，使它与截线 6 和 7 相交，然后将多余的线段裁剪掉，如图 2-25-32 所示，形成一个封闭的轮廓，如图 2-25-33 所示。

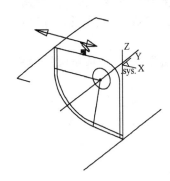 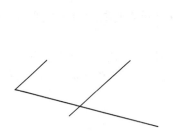 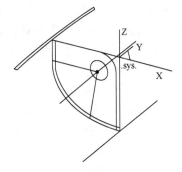

图 2-25-31 圆弧线 5 等距　　图 2-25-32 "曲线拉伸"并"裁剪"　　图 2-25-33 形成一个封闭的轮廓

（8）下表面圆弧线的绘制方法基本与上表面圆弧线的绘制方法完全一致，这里就不再重述了，如图 2-25-34 所示。

（9）使用"平移"功能将上、下曲面的轮廓线移动到过渡圆弧与其圆心 B 连线的交点处：单击"几何变换栏"的"平移"图标 →"立即菜单"中选择"两点"/"拷贝"/"非正交"方式→拾取上表面圆弧线→右击→系统提示："输入基点"→拾取圆弧与截面线的交点为基点，将线段拷贝到与基点相对应的点→单击"确认"按钮。

（10）用此方法将上、下曲面的所有轮廓线拷贝到相应的位置，结果如图 2-25-35 所示。

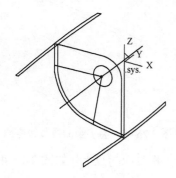
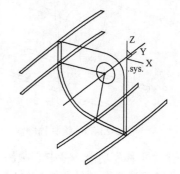

图 2-25-34　绘制下表面圆弧线　　　　图 2-25-35　上、下曲面的所有轮廓线拷贝到相应的位置

 注意

在作下曲面的轮廓线拷贝时，由于基点位置在角度线上，使两条截面线在拷贝时也存在一定的角度，因此，造成两端的截面线与圆弧线不能相交使曲面的轮廓线不封闭。在拷贝时，我们可以只拷贝两段圆弧线，然后用两点线（非正交）直接将圆弧的两端点连接，这样就可以实现下曲面轮廓线的封闭了。

（11）封闭上、下曲面的轮廓线，构造空间线架。使用两点线（非正交）将新生成的曲面轮廓线与原有轮廓线的 4 个角点分别对应连接，如图 2-25-36 所示。

（12）通过等分点将上、下圆弧等分。单击"曲线生成栏"上的"点"图标 <img> →"立即菜单"中选择"批量点"/"等分点"/段数输入 5，如图 2-25-37 所示→回车→拾取辅助线，系统自动在直线上标出 5 个点，相应的再用鼠标拾取另外一条辅助线，这样共得到 11 个点，如图 2-25-38 所示。

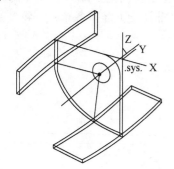

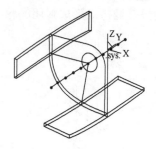

图 2-25-36　封闭上、下曲面的轮廓线　　图 2-25-37　"点"立即菜单　　图 2-25-38　等分点将直线等分

接下来就要用这 11 个点将上圆弧线等分为 11 个截面。由于辅助线两个端点相对应的是圆弧的端点，因此，我们选择辅助线上的第二点为例作圆弧线等分。

（13）使用两点线"正交"/"点方式"（长度方式），长度值任意（建议长度为 35），方向为 X 轴的负方向，拾取的第一点为辅助线上的点，第二点为 X 轴负方向上的任意位置，这样我们通过绘制辅助线，如图 2-25-39 所示；在圆弧截面上得到了两个交点，将多余的线段裁剪掉，如图 2-25-40 所示。

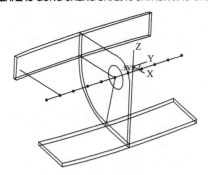 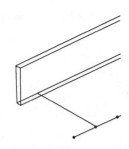

图 2-25-39　绘制辅助线　　　　图 2-25-40　将多余的线段裁剪掉

（14）利用"平移"功能，将中心截面上的直线拷贝到与之相对应的点上，如图 2-25-41 所示。然后用两点线封闭该截面，如图 2-25-42 所示。

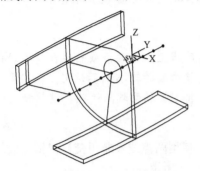 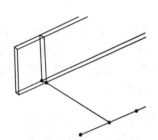

图 2-25-41　"平移"直线　　　　图 2-25-42　封闭截面

（15）在等分下曲面圆弧时，要复制 4 条辅助线，并在线段上标出 11 个等分点，如图 2-25-43 所示。

（16）等分下曲面圆弧的方法与等分上曲面的方法基本相同，也是使用两点线（正交）向 Z 轴的正方向作直线，如图 2-25-44 所示，求得交点；然后用两点线（非正交）连接各个点，将多余的线段裁剪掉，形成封闭的轮廓线，如图 2-25-45 所示。

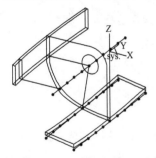 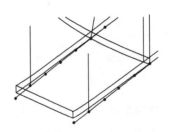 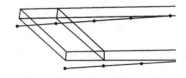

图 2-25-43　复制 4 条辅助线　　　图 2-25-44　绘制两直线　　　图 2-25-45　形成封闭的轮廓线

用三点圆弧连结上下截面。通过图纸分析可知，连接两个截面的圆弧需要满足以下条件：首先要保证与上下两个截面相切，而且必须过上截面直线的下端点。

（17）使用三点圆弧来连接上下截面。单击"曲线生成栏"上的"圆弧"图标 → "立即菜单"中选择"三点圆弧"方式→按"空格键"→在"点工具菜单"中选取"切点"→拾取在上截面直线为第一点→按"空格键"→"点工具菜单"中选取"缺省点"→捕捉截面直线的下端点为第二点→按"空格键"→"点工具菜单"中选取"切点"→拾取在下截面直线为第三点，完成圆弧连结，如图 2-25-46 所示；同理可以实现外侧的圆弧连接，如图 2-25-47 所示。

（18）相同方法，利用辅助线上的各点，生成其他各条直线，将上下曲面等分成 11 份，并生成 11 个截面，如图 2-25-48 所示。

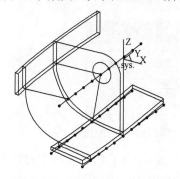 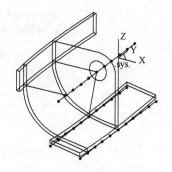 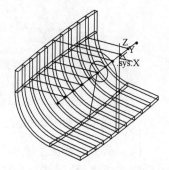

图 2-25-46　"三点"方式画圆弧　　　图 2-25-47　外侧的圆弧连　　　图 2-25-48　生成 11 个截面

3. 多个截面生成放样实体

在进行实体放样前，首先要有多个截面草图我们可以通过"构造基准面"来实现多个截面草图的绘制。

（1）单击"特征生成栏"中的"构造基准面"图标 ，系统弹出"构造基准面"对话框，如图 2-25-49 所示→选择"等距平面确定基准平面"项，在"距离"框中输入 45→单击特征树上"平面 XZ"→单击"确定"按钮。这时在特征树中会自动生成一个新平面→用鼠标选中该平面→右击→在"快捷菜单"中选择"创建草图"，如图 2-25-50 所示。

（2）单击"曲线生成栏"中的"曲线投影"图标 →拾取图形右侧的截面轮廓→右击，使轮廓线投影到草图上，生成该截面轮廓的草图，如图 2-25-51 所示。

（3）在生成其他草图时由于具体距离不知道，可以选择"过点且平行平面确定基准面"选项，如图 2-25-52 所示。首先，选定"ZOX 平面"，然后拾取一个特征点（截面上的任意一个特征点），就可以生成一个新的平面。草图的投影绘制基本与上一个草图的绘制一致，这里就不在复述了。

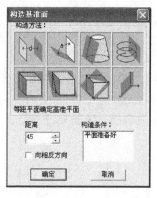  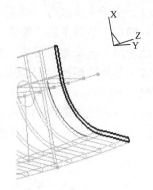

图 2-25-49　"构造基准面"对话框　　　图 2-25-50　快捷菜单　　　图 2-25-51　生成截面轮廓的草图

 注意

在绘制草图的同时，我们可以单击"曲线生成栏"中的"检查草图环是否闭合"图标 ，来检查草图环是否闭合，如果不闭合，就应该找到相应的标记处对草图进行修改，如图 2-25-53 所示。

图 2-25-52　"构造基准面"对话框

图 2-25-53　检查草图环是否闭合的提示

（4）单击"特征生成栏"中的"放样增料"图标→在如图 2-25-54 所示的"放样"对话框中分别按顺序拾取草图，拾取的位置应该尽量保持一致，这样才能正确的生成曲面实体，拾取完毕后→单击"确定"按钮，完成曲面实体的造型，如图 2-25-55 所示。

图 2-25-54　"放样"对话框

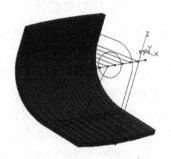
图 2-25-55　曲面实体的造型

4. 零件中其他实体的生成

由于吊耳的外轮廓线已经画好，只需要将曲线投影到相应的草图平面即可生成草图，因此，我们只需要画出零件除料部分、两个盲孔和一个通孔的的草图，然后通过特征生成来完成吊耳整个零件的造型。

（1）由于生成放样实体后，零件中的一些曲线很不容易看到，为了便于观察零件，我们可以使用"编辑"菜单下的"隐藏"功能，将一些不重要的线段隐藏掉。对于实体我们使用"消隐/显示"功能，使实体不可见。结果如图 2-25-56 所示。

（2）零件除料部分的绘制。单击"曲线生成栏"上的"等距线"图标，选择中心截面外侧的直线，作等距线，距离为 8，拾取直线并选择等距方向生成直线（X 轴的正方向），作中心截面下底边外侧直线的等距线，距离为 8，拾取直线并选择等距方向生成直线（X 轴的正方向），生成直线后将多余的线段用曲线裁剪去掉，结果如图 2-25-57 所示。

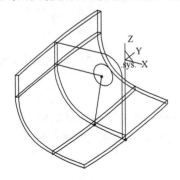
图 2-25-56　消隐显示

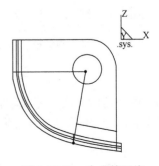
图 2-25-57　生成等距线

注意

绘图平面的选择。

（3）用圆弧连接两条等距线：单击"曲线生成栏"上的"圆弧"图标 → "立即菜单"中选择"两点_半径"方式→按"空格键"→"点工具菜单"中选取"切点"→分别拾取两条新生成的等距线，这时系统会提示"第三点或半径"→回车→在弹出的数值对话框中输入半径22→回车。零件除料部分的轮廓线完成，结果如图2-25-58所示。

下面完成各个孔的绘制。

（4）首先，绘制两个盲孔：单击"可见"图标，找到与Z轴负半轴相重合的一条直线，用鼠标选中它，右击确认，图中就会显示该直线。

（5）单击"曲线生成栏"上的"等距线"图标，作该直线的等距线，距离为23.4，拾取直线并选择等距方向（X轴的负方向）生成直线，结果如图2-25-59所示。

（6）单击"曲线生成栏"上的"整圆"图标 → "立即菜单"中选择"圆心点_半径"方式→以等距线的上端点为圆心点画圆→回车→输入半径值2→回车，结果如图2-25-60所示。

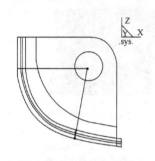 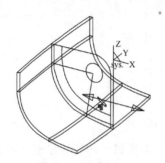 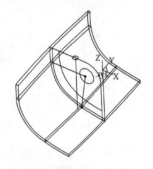

图2-25-58 圆弧连接　　图2-25-59 生成等距线　　图2-25-60 绘制半径为2的圆

（7）单击"几何变换栏"中的"平移"图标→"立即菜单"中选择"平移"方式中的"偏移量"/"拷贝"，输入："DY=−28.5（28.5）"→回车→拾取上表面的圆→右键，生成一个空间圆，同样的方法生成另外一个空间圆，结果如图2-25-61所示。

（8）通孔的绘制：由图纸分析可知，通孔的圆心坐标为（x，y，−12），因此我们可以直接单击"曲线生成栏"上的"整圆"图标，在"立即菜单"中选择作圆方式"圆心点_半径"，输入圆心坐标（0，0，−12），半径为4，回车确定，结果如图2-25-62所示。

下面完成零件其余实体的造型。

（9）拉伸增料：选中"平面XZ"→右击→选择"创建草图"→单击"曲线生成栏"中的"曲线投影"图标 →拾取截面（吊耳支撑板）轮廓→右击，使轮廓线投影到草图上生成该截面轮廓的草图，投影后用曲线裁剪将多于的线段裁剪掉保证草图的封闭，如图2-25-63所示。

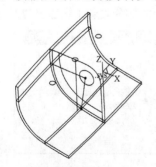 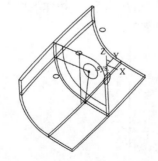 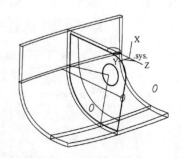

图2-25-61 平移圆，生成另外两个空间圆　　图2-25-62 绘制半径为4的圆　　图2-25-63 生成截面轮廓的草图

(10) 单击"特征生成栏"中的"拉伸增料"图标 → 在"基本拉伸"对话框中选择"双向拉伸"深度输入 69,勾选"增加向外拔模斜度",角角输入为 0.05,如图 2-25-64 所示→选择草图→单击"确定"按钮,完成拉伸增料,如图 2-25-65 所示。

图 2-25-64 "拉伸增料"对话框　　　　　图 2-25-65 完成拉伸增料

(11) 零件的除料部分在操作方法上基本与增料一样,只不过是使用工具栏中的"拉伸除料"命令,深度输入 45,如图 2-25-66 所示,这里就不在复述了,拉伸除料的结果如图 2-25-67 所示。

图 2-25-66 "拉伸除料"对话框　　　　　图 2-25-67 拉伸除料结果

(12) 其余各孔的投影方法与上面所讲的投影方法是一样的,不同之处在于曲线是向哪个平面投影。例如,两个盲孔就是向"XOY 面"投影生成草图,如图 2-25-68 所示。而通孔则是向"ZOY 面"投影生成草图,如图 2-25-69 所示。

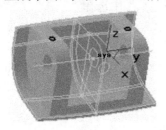
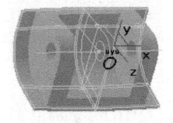

图 2-25-68 两个盲孔就是向 XOY 面投影生成草图　　图 2-25-69 通孔向 ZOY 面投影生成草图

(13) 它们在选择"基本拉伸"类型上也有所不同,对应盲孔应选择"固定深度"并填入深度值 18,如图 2-25-70 所示,单击"确定"按钮生成盲孔。而对于通孔其"基本拉伸"类型就直接选取"贯穿"就可以实现实体造型,如图 2-25-71 所示。"拉伸除料"操作的最终结果如图 2-25-72 所示。

图 2-25-70 拉伸类型之"固定深度"　　　图 2-25-71 拉伸类型之"贯穿"

下面是零件实体的圆角过渡。

（14）在作过渡之前先将所有的空间曲线隐藏，如图 2-25-73 所示。在过渡时最好将零件实体分组：第一组，主要是过渡放样曲面；第二组，是零件两个支承板上的棱线；第三组，各个圆孔的过渡；第四组，是支承板与放样曲面的过渡，结果如图 2-25-74 所示。

图 2-25-72　拉伸除料最终结果　　　　　　图 2-25-73　曲线隐藏

（15）单击"过渡"图标◯/在对话框中填入半径 0.5，如图 2-25-75 所示→拾取放样曲面实体的各条线→单击"确定"按钮，完成放样曲面的过渡，如图 2-25-76 所示。接下来的第二组与第三组在操作方法上与第一组的方法完全一样，这里就不再复述了。

（16）单击"过渡"图标◯/在对话框中填入半径 5，如图 2-25-77 所示→拾取支承板与放样曲面的交线，还有支承板内侧的交线→单击"确定"按钮，完成零件的过渡处理，如图 2-25-71 所示，至此整个零件的造型完成。

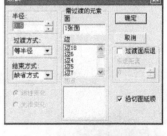

图 2-25-74　将零件实体分组进行过渡　　　图 2-25-75　"过渡"对话框

图 2-25-76　放样曲面的过渡　　　　　　　图 2-25-77　"过渡"对话框

练习题

一、根据下面给定的信息进行造型

1．平面图（见练习题图 2.1）

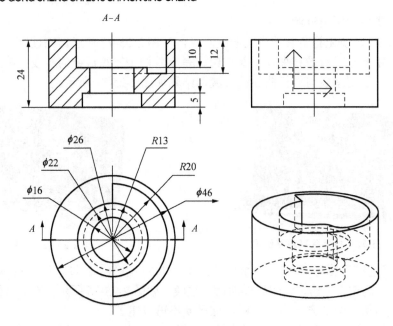

练习题图 2.1　平面图

2．流程图（见练习题图 2.2）

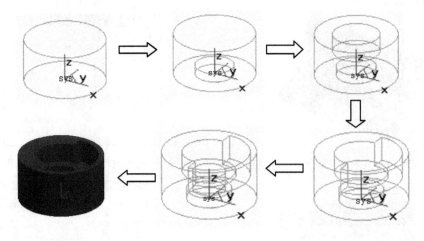

练习题图 2.2　流程图

3．绘制过程

（1）拉伸增料 $\phi46$，高 24 的柱体。
（2）拉伸除料 $\phi22$，高 5 的柱体。
（3）拉伸除料 $\phi26$，高 10 的柱体。
（4）拉伸除料 $R13$、$R20$ 构成的 180 度封闭环形，深度为 12 的半环形实体。
（5）拉伸除料 $\phi16$，深度贯穿的柱体。

二、造型题

1．支承座（见练习题图 2.3）

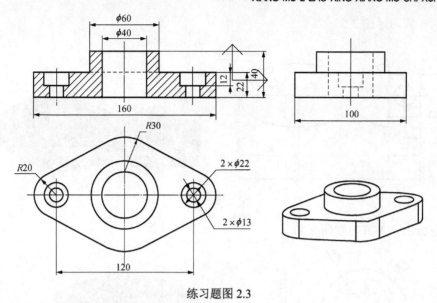

练习题图 2.3

2．阶梯轴（见练习题图 2.4）

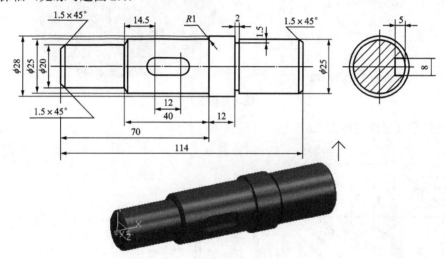

练习题图 2.4

3．花瓶（见练习题图 2.5）

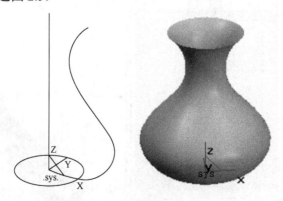

练习题图 2.5

4．手柄（练习题图2.6）

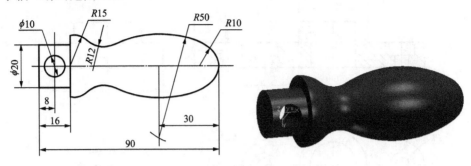

练习题图2.6

5．三角标志（见练习题图2.7）

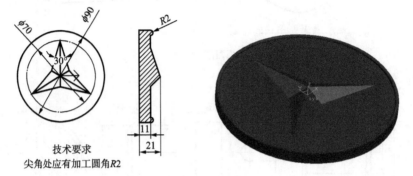

技术要求
尖角处应有加工圆角R2

练习题图2.7

6．多用扳手（见练习题图2.8）

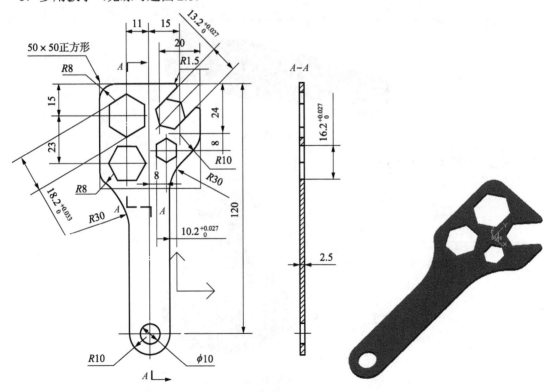

练习题图2.8

7. 支架（见练习题图 2.9）

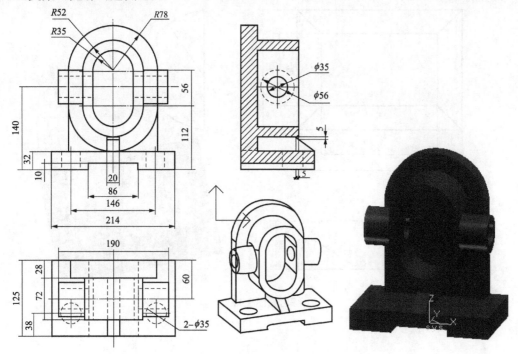

练习题图 2.9

8. 杯体（见练习题图 2.10）

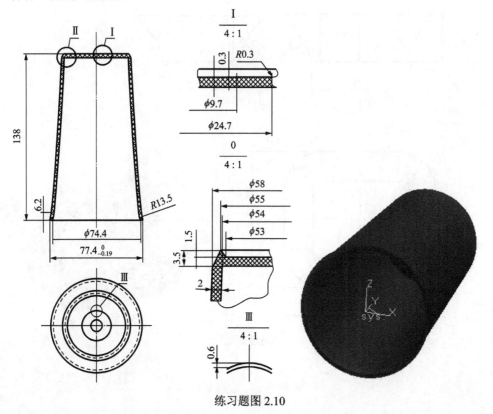

练习题图 2.10

9. 利用导动面、裁剪平面进行曲面造型（见练习题图 2.11）

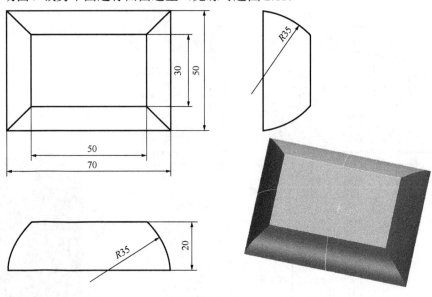
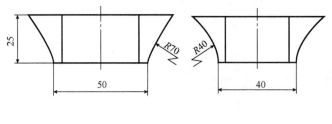

练习题图 2.11

10. 使用网格面、裁剪平面绘制下图的曲面（见练习题图 2.12）

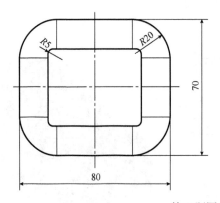

练习题图 2.12

11. 根据三视图进行曲面造型（见练习题图2.13）

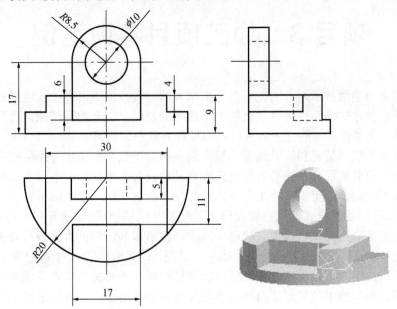

练习题图2.13

12. 五角星的曲面造型（见练习题图2.14）

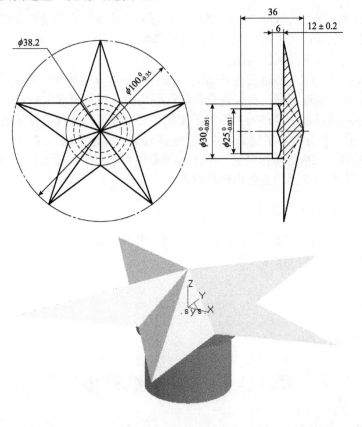

练习题图2.14

项目 3　加工项目实训范例

数控加工机床与编程技术两者的发展是紧密相关的。数控加工机床的性能提升推动了编程技术的发展，而编程技术的提高也促进了数控加工机床的发展，二者相互依赖。现代数控技术在向高精度、高效率、高柔性和智能化方向发展，而编程方式也越来越丰富。

数控编程可分为机内编程和机外编程。机内编程指利用数控机床本身提供的交互功能进行编程也称手工编程，机外编程则是脱离数控机床本在其他设备上进行编程也称自动编程。机内编程的方式随机床的不同而异，可以"手工"方式逐行输入控制代码（手工编程）、交互方式输入控制代码（会话编程）、图形方式输入控制代码（图形编程），甚至可以语音方式输入控制代码（语音编程）或通过高级语言方式输入控制代码（高级语言编程）。但机内编程一般来说只适用于简单形体，而且效率较低。机外编程也可以分成手工编程、计算机辅助 APT 编程和 CAD/CAM 编程等方式。机外编程由于其可以脱离数控机床进行数控编程，相对机内编程来说效率较高，是普遍采用的方式。随着编程技术的发展，机外编程处理能力不断增强，已可以进行十分复杂形体的灵敏控加工编程。

虽然数控编程的方式多种多样，毋庸置疑，目前占主导地位的是采用 CAD/CAM 数控编程系统进行的编程。

本章将以"CAXA 制造工程师 2013"软件通过项目式实训模式向读者介绍在实际生产加工中的一些典型的加工方法和加工工艺，并由浅入深地理解加工工艺、加工参数的设置及刀具的选择，为掌握先进的数控技术打下稳固的基础。

项目目的：掌握"CAXA 制造工程师 2013"软件中一些典型的加工方法，如刀具设置、毛坯设置、刀路轨迹生成、轨迹仿真，后置设置、G 代码生成、工艺清单生成等操作。

项目内容：本项目以多个零件的实际加工编程为训练单元，详细介绍了各种典型的加工方法在实际加工中的应用，指导学员掌握刀具设置、毛坯设置、刀路轨迹生成、轨迹仿真，后置设置、G 代码生成、工艺清单生成等操作技能。每个实训范例都给出了单元实训说明，要点提示和实操步骤。本项目共 9 个教学单元，主要内容包括有：

① 刀具设置
② 毛坯设置
③ 刀路轨迹生成（各种二维平面粗精加工、等高粗精加工、扫描线粗精加工、导动线粗精加工、三维偏置精加工、参数线精加工等）
④ 轨迹仿真
⑤ 后置设置
⑥ G 代码生成
⑦ 工艺清单生成

第 1 单元　CAM 编程步骤

3.1.1　实例说明

本章主要介绍在"CAXA 制造工程师 2013"中编程的步骤，内容包括如何把设计的结果制造加工出来的一般编程方法、在各个过程需要做的准备工作等，为学习 CAM 编程提供了一个清晰的思路。

3.1.2 要点提示

理解整个 CAM 编程步骤，首先必须要有加工模型，然后分析加工工艺，选择合理的加工方法，生成刀具路径，进行仿真校验无误后生成 G 代码。

3.1.3 操作步骤

CAM 系统的编程基本步骤如图 3-1-1 所示。

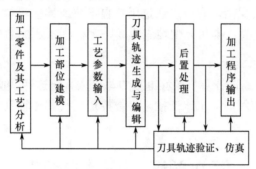

图 3-1-1　CAM 系统的编程流程框图

1．加工零件及其工艺分析

加工零件及其工艺分析是数控编程的基础。工艺分析的主要任务有：①零件几何尺寸、公差及精度要求的核准；②确定加工方法、工夹量具及刀具；③确定编程原点及编程坐标系；④确定走刀路线及工艺参数。

2．加工部位建模

利用 CAM 系统提供的造型和编辑功能将零件的被加工部位绘制在计算机中，作为计算机自动生成刀具轨迹的依据。被加工零件一般用工程图的形式表达在图纸上，用户可根据图纸建立三维加工模型。针对这种需求，"CAXA 制造工程师 2013"软件提供强大几何建模功能，不仅能生成常用的直线和圆弧，还能提供复杂的样条曲线、组合曲线、各种规则的和不规则的曲面造型、特征造型、实体曲面混合造型等造型方法，并提供各种过渡、裁剪、几何变换等编辑手段。

加工部位建模实质上是人将零件加工部位的相关信息提供给计算机的一种手段，它是自动编程系统进行自动编程的依据和基础。

被加工零件数据也可以由其他 CAD/CAM 系统导入，因此，"CAXA 制造工程 2013"软件针对此类需求提供标准的数据接口，如 DXF、IGES、X_t、X_b、dat 等。由于企业之间的协作越来越频繁，目前这种形式越来越普遍。

3．工艺参数的输入

在本环节中，将利用编程系统的相关菜单与对话框等，将第一步分析的一些与工艺有关的参数输入到系统中。所需输入的工艺参数有：刀具类型、尺寸与材料；切削用量（主轴转速、进给速度、切削深度及加工余量）；毛胚信息（尺寸、材料等）；其他信息（安全平面、线性逼近误差、刀具轨迹间的残留高度、进退刀方式、走刀方式、冷却方式等）。当然，对于某一加工方式而言，可能只要求其中的部分工艺参数。

4．刀具轨迹生成及编辑

完成上述操作后，编程系统将根据这些参数进行分析判断，自动完成有关基点、节点的计算，并对这些数据进行编排形成刀位数据，存入指定的刀位文件中。

刀具轨迹生成后，对于具备刀具轨迹显示及交互编辑功能的系统，还可以将刀具轨迹显示出来，如果有不太合适的地方，可以在人工交互方式下对刀具轨迹进行适当的编辑与修改，确认后系统重新生成刀具轨迹。

5．后置处理

在屏幕上用图形形式显示的刀具轨迹要变成可以控制机床的代码，需进行后置处理。后置处理的目的是形成数控指令文件，也就是平我们经常说的 G 代码程序或 NC 程序。CAXA 制造工程师提供的后置处理功能非常灵活，它可以通过用户自己修改某些设置而适用各自的机床要求。用户按机床规定的格式进行定制，即可方便地生成和特定机床相匹配的加工代码。

6．加工代码输出

生成数控指令之后，可通过计算机的标准接口与机床直接连通。或者通过 DNC 通信软件完成通过计算机的串口、并口或网口与机床连接，将数控加工代码传输到数控机床，控制机床各坐标的伺服系统，驱动机床。

第 2 单元　凸台的加工

3.2.1　实例说明

本实例是 2012 年某市"数控大赛"数铣工组赛题中一个工件，造型完成的效果工件尺寸如图 3-2-1 所示。

加工思路：利用平面区域粗加工开粗，平面轮廓精加工精修，最后利用轨迹仿真功能检查轨迹加工情况。

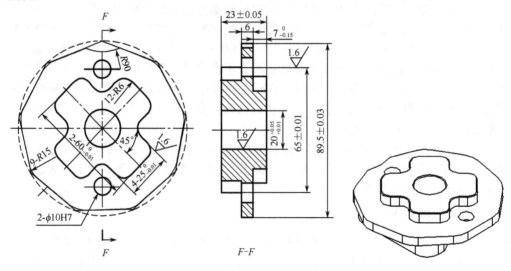

图 3-2-1　造型工件尺寸及效果图

3.2.3 操作步骤

1. 设定加工刀具

选择屏幕左侧的"轨迹管理"结构树→双击结构树中的刀具库,弹出"刀具定义"对话框→单击"增加"铣刀,"刀具类型"在对话框中选择铣刀名称,如图 3-2-2 所示。

一般都是以铣刀的直径和刀角半径来表示,刀具名称尽量与工厂中用刀的习惯一致。设定增加的铣刀参数。在"刀具库管理"对话框中键入正确的数值,刀具定义即可完成。其中的刀刃长度和刀杆长度与仿真有关而与实际加工无关,在实际加工中要正确选择吃刀量和吃刀深度,以免刀具损坏。

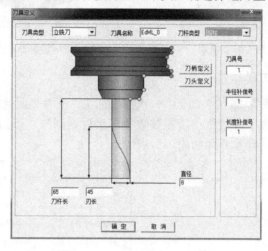

图 3-2-2 "刀具定义"对话框

2. 定义毛坯

(1)选择屏幕左下侧的"轨迹管理"结构树→双击结构树中的"毛坯",弹出"毛坯定义"对话框,如图 3-2-3 所示。

(2)选择"柱面"类型→单击"拾取平面轮廓"按钮,系统提示拾取平面轮廓→选中底面轮廓→右击,确认,返回到"毛坯定义"对话框→"高度"输入 23→"精度"输入 0.01→轴线方向选"VZ"且输入为"1",如图 3-2-3 所示→单击"确定"按钮,现有模型自动生成毛坯,如图 3-2-4 所示。

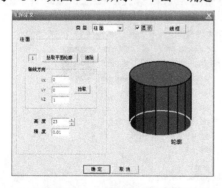

图 3-2-3 "毛坯定义"对话框

图 3-2-4 毛坯

3. 生成轮廓线与岛屿曲线

选择"造型"→"曲线生成"→"相关线",如图 3-2-5 所示,分别拾取出轮廓曲线与岛屿曲线,结果如图 3-2-6 所示。

图 3-2-5 "相关线"选取

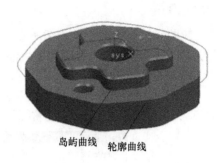

图 3-2-6 轮廓曲线与岛屿曲线

4．平面轮廓粗加工刀具轨迹

（1）设置"粗加工参数"：单击"加工"→"常用加工"→"平面区域粗加工"，在弹出的"平面区域粗加工"中设置"加工参数"、"清根参数"、"接近返回"、"下刀方式"、"切削用量"、"刀具参数"等粗加工参数。其设置界面如图 3-2-7 所示。

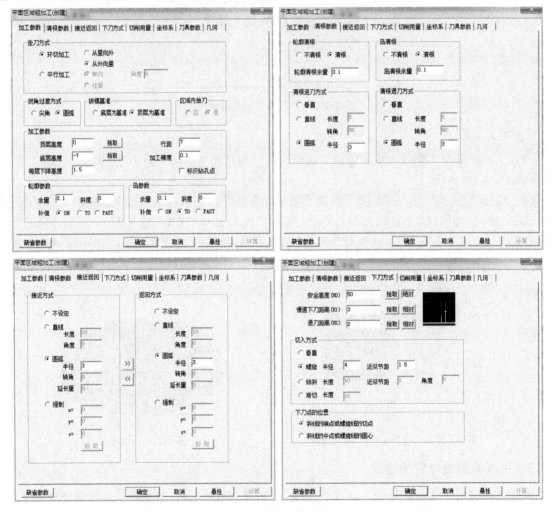

图 3-2-7 粗加工参数设置界面（1）

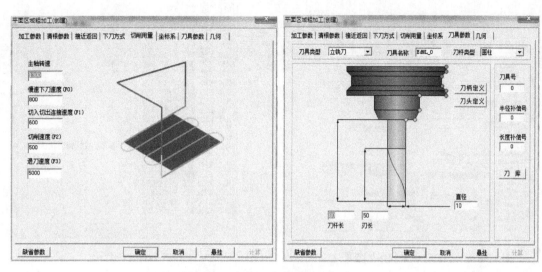

图 3-2-7　粗加工参数设置界面（2）

（2）按照系统的提示：拾取轮廓曲线、确定加工方向、拾取岛屿曲线，右击"确定"按钮，生成加工轨迹，如图 3-2-8 所示。

5．实体仿真

（1）在"轨迹管理"结构树中，选中"平面区域粗加工"选项→右击→实体仿真。

（2）进入仿真系统，在仿真界面下选择："控制"→"运行"。实体仿真结果如图 3-2-9 所示。

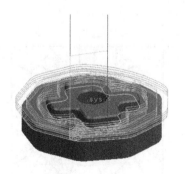
图 3-2-8　刀具轨迹

图 3-2-9　实体仿真

6．生成 G 代码

（1）在"轨迹管理"结构树中，选中"平面区域粗加工"→右击→后置处理→生成 G 代码。

（2）以华中数控为例，将"代码文件名定义"选项的"NC"改"o"，在"选择华中数控系统"选项中选择相应的系统→单击"确定"→右击，生成 G 代码，如图 3-2-10、图 3-2-11 所示。

图 3-2-10 "生成后置代码"界面

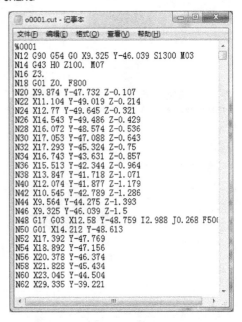
图 3-2-11 G 代码

第 3 单元 U 形模型的加工

3.3.1 实例说明

本例加工的是一个非常典型的 U 形平面加工类零件，造型完成的效果如图 3-3-1（a）所示。

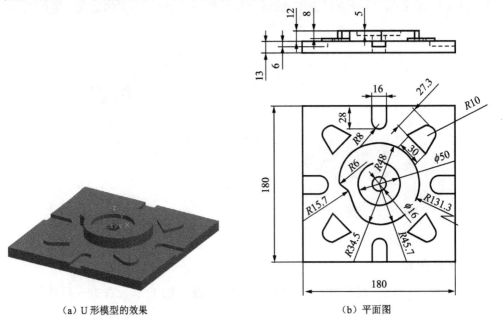

(a) U 形模型的效果　　　　　　　　(b) 平面图

图 3-3-1　U 形模型及 R 平面图

加工思路：平面区域粗加工、平面轮廓精加工、孔加工等方法（模型加工面都是平坦面，可直接采用平面轮廓粗加工、区域式加工、轮廓线精加工等平面加工方法来完成）。

3.3.2 要点提示

首先确定加工此零件所需要的刀具,然后设定毛坯的大小并选择后置。加工首先选择平面区域粗加工,生成大平面和中心大圆孔粗加工轨迹;然后选择区域式粗加工,生成 U 形凸台和 U 形槽的粗加工轨迹;接下来利用轮廓线精加工方式来对 U 形凸台和 U 形槽进行精加工;最后利用钻孔加工钻中心孔。

 注意

此例还有很多其他的加工方法可以应用,通过本例主要让读者多了解几种平面加工的方法。

3.3.3 操作步骤

1. 加工前的准备工作

(1)投影模型边界,获得如下轮廓曲线。单击"相关线"命令图标 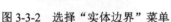→选择"实体边界"方式,如图 3-3-2 所示→选择所需要的模型边界,获得如图 3-3-3 的轮廓曲线。

图 3-3-2 选择"实体边界"菜单

图 3-3-3 投影获得的轮廓曲线

2. 设定加工刀具

(1)选择屏幕左侧的"轨迹管理"结构树→双击结构树中的"刀具库"→弹出"刀具库"对话框→单击"增加"按钮,在"刀具类型"对话框中选择铣刀名称,如图 3-3-4 所示。

图 3-3-4 刀具类型的定义

(2)设定增加的铣刀类型与参数。在"刀具定义"对话框中按图 3-3-5 所示键入正确的数值,刀具定义即可完成。其中的刀刃长度和刃杆长度与仿真有关而与实际加工无关,在实际加工中要正确选择吃刀量和吃刀深度,以免刀具损坏。

3. 定义毛坯

(1)选择屏幕左下侧的"轨迹管理"结构树→双击结构树中的"毛坯",弹出"毛坯定义"对话框,如图 3-3-6 所示。

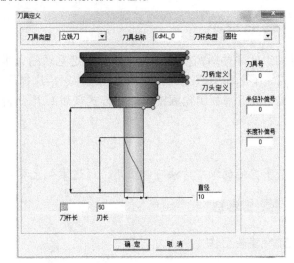

图 3-3-5 "刀具定义"对话框

(2)在"类型"对话框中选择"矩形"选项,然后单击"参照模型"→单击"确定"按钮,拾取的轮廓如图 3-3-7 所示。

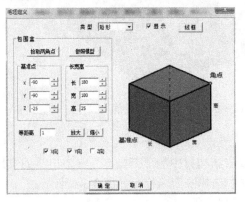
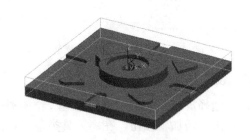

图 3-3-6 "毛坯定义"对话框   图 3-3-7 轮廓拾取

4. 平面区域粗加工

(1)设置"粗加工参数"。单击"加工"→"常用加工"→"平面区域粗加工"→在弹出的"平面区域粗加工"对话框中设置"加工参数",如图 3-3-8 所示;设置"清根参数"如图 3-3-9 所示。

 注意

需要设定顶层高度和底层高度。

(2)设置粗加工"铣刀参数",如图 3-3-10 所示;设置粗加工"切削用量"参数,如图 3-3-11 所示。

(3)确认"下刀方式"、"接近返回"加工参数,单击"确定"退出参数设置。

(4)按系统提示拾取轮廓。选中最外面的长方形作为外轮廓,如图 3-3-12 所示。

 注意

拾取选择方式为链拾取,可按键盘空格键进行选择设置。

(5)接下来,系统提示拾取岛屿。选择如图 3-3-13 所示的轮廓,注意选择的方向应保持一致。

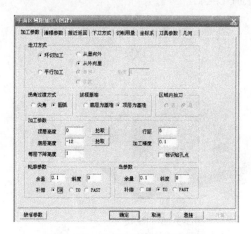

图 3-3-8 平面区域粗加工参数

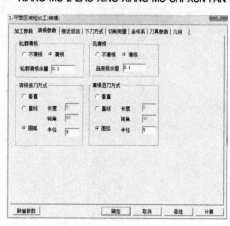

图 3-3-9 平面区域清根参数

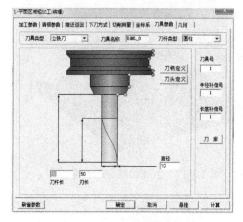

图 3-3-10 刀具参数

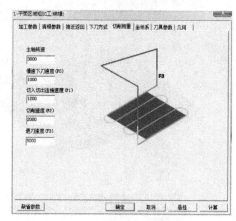

图 3-3-11 切削用量

图 3-3-12 外轮廓的拾取

图 3-3-13 岛屿的拾取

（6）选择完毕后，单击右键结束。系统提示："正在计算轨迹请稍候"，然后系统会自动生成粗加工轨迹，结果如图 3-3-14 所示。

（7）隐藏刚才生成的轨迹。拾取轨迹→右击→在弹出菜单中选择"隐藏"命令，隐藏生成的粗加工轨迹，以便于下步操作如图 3-3-15 所示。

（8）重复前面（1）～（5）步操作，选择中间的圆作为外轮廓，在提示拾取岛屿时，直接单击右键不拾取，生成如图 3-3-16、图 3-3-17 骤的所示。

（9）隐藏生成的粗加工轨迹。拾取轨迹→右击→在弹出菜单中选择"隐藏"命令，隐藏生成的粗加工轨迹，以便于下步操作。

（10）同上，使用平面区域粗加工，按照图 3-3-18 所示设置好参数→设置刀具直径为 ϕ10 后单击"确定"按钮。按照系统提示，选择 4 个 U 形凸台边界其中的一个，生成刀具轨迹，如图 3-3-19 所示。

 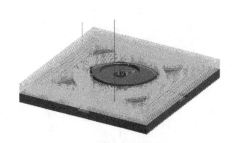

图 3-3-14　平面区域粗加工刀路轨迹　　　　图 3-3-15　隐藏

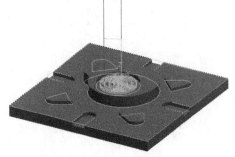 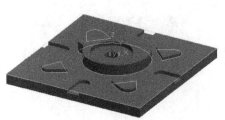

图 3-3-16　选择加工区域　　　　　　图 3-3-17　生成的粗加工轨迹

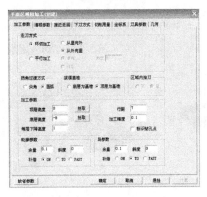 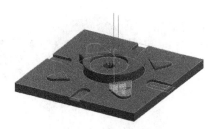

图 3-3-18　填写加工参数　　　　　　图 3-3-19　刀具轨迹

　　（11）阵列刀具轨迹：按"F5"快捷键，将视图定义在 XOY 平面，依次选择"造型"→"几何变换"→"阵列"。调出阵列功能对话框，填写阵列参数如图 3-3-20 所示。

　　（12）同步骤（10），使用平面区域粗加工，按图 3-3-21 所示，设置好参数使用直径为 10 的立铣刀。

　　（13）阵列刀具轨迹：与步骤（11）相同，得到如图 3-3-22 所示阵列轨迹。

7．轨迹仿真与分析

　　（1）在"轨迹管理"结构树中，右击"刀具轨迹管理"→选择"全部显示"。左击鼠标以全选加工轨迹→右击鼠标，选择"实体仿真"，在菜单栏中找到"控制"→"运行"以开始轨迹的仿真。结果如图 3-2-23 所示。

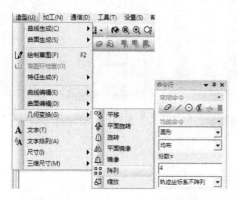 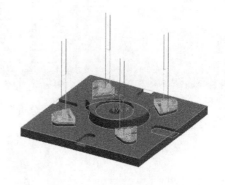

图 3-3-20 加工轨迹（1）

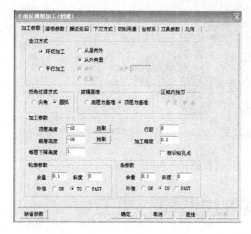 

图 3-3-21 加工轨迹（2）

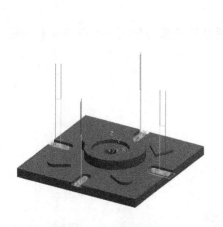 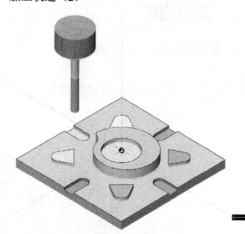

图 3-3-22 阵列轨迹　　　　　　　　图 3-3-23 仿真结果

（2）可以分别通过"分析"、"移动列表"与"统计"得到加工轨迹的过程情况，加工时间、每个时刻的刀具坐标信息等，结果如图 3-2-24 所示。

（3）仿真检验无误后，可保存加工轨迹，并生成 G 代码，结果如图 3-2-25 所示。

图 3-3-24 "分析"、"移动列表"与"统计"窗口

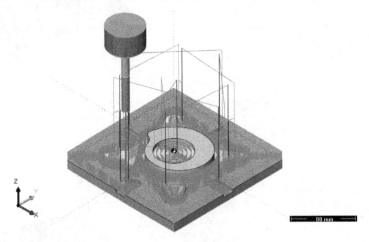

图 3-3-25 仿真检查

第 4 单元 摩擦楔块锻模的加工

3.4.1 实例说明

本例为摩擦楔块锻模造型，特定是造型比较复杂，造型完成的效果与平面图如图 3-4-1 和图 3-4-2 所示。

加工思路：等高线粗加工、扫描线精加工。

图 3-4-1 摩擦楔块锻模造型

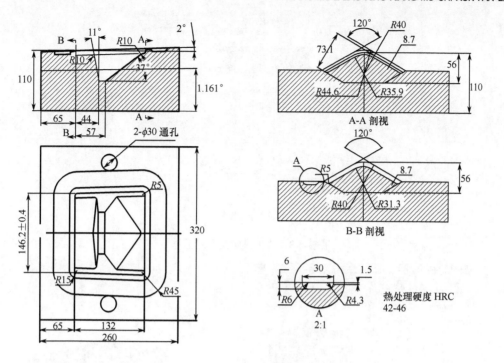

图 3-4-2 平面图

对于所做的锻模来说,它的整体形状较为平坦,注意分析最小处尺寸,并选择合适的刀具。粗加工采用等高线粗加工,精加工采用扫描线精加工,按 45°方向加工。在加工中当刀具轨迹平行于某个面,而这个面又较陡时,会使加工的质量下降,此时采用 45°方向加工,将会提升更多的面的加工质量,这是在实际加工中经常采用的方法。

3.4.2 要点提示

首先确定加工此零件所需要的刀具,然后设定毛坯的大小并选择后置。加工首先利用等高粗加工进行开粗,切除毛坯大余量,然后利用扫描线精加工生成精加工轨迹。

3.4.3 操作步骤

1. 设定加工刀具

(1) 选择屏幕左侧的"加工管理"结构树→双击结构树中的"刀具库"→弹出"刀具定义"对话框,如图 3-4-3 所示→在"刀具类型"选项对话框中输入铣刀名称。

(2) 设定增加的铣刀的参数。在"刀具定义"对话框中键入正确的数值,刀具定义即可完成。其中的刀刃长度和刃杆长度与仿真有关而与实际加工无关,在实际加工中要正确选择吃刀量和吃刀深度,以免刀具损坏。

2. 定义毛坯

(1) 选择屏幕左侧的"轨迹管理"结构树→双击结构树中的"毛坯",弹出"毛坯定义"对话框,如图 3-4-4 所示。

(2) 选择"参照模型"复选框→单击"参照模型"按钮,也可手动调节参数值,系统按现有模型自动生成毛坯,如图 3-4-5 所示。

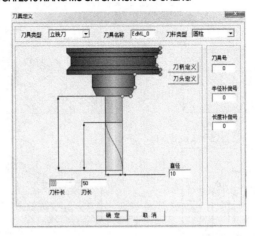

图 3-4-3 "刀具定义"对话框

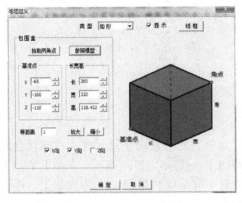

图 3-4-4 "毛坯"定义对话框

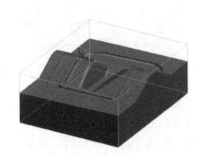

图 3-4-5 生成毛坯

3．设定加工范围

此例可以不用作出线条来确定加工范围。

4．等高线粗加工刀具轨迹

（1）选择"加工"→"常用加工"→"等高线粗加工"命令，在弹出的"等高线粗加工"对话框中，选择"加工参数"菜单→，按图 3-4-6 所示来选择和键入加工参数；在"刀具参数"菜单根据使用的刀具选择用刀，并设置切削用量参数，如图 3-4-7 所示。

图 3-4-6 "加工参数"设置

图 3-4-7 "刀具参数"设置

（2）在菜单中"切削用量"设置粗加工参数，如图 3-4-8 所示。

（3）确认"切入切出"系统默认值。确认"起始点"为 X0, Y0, Z60；"下刀方式"中的安全高度为 40，如图 3-4-9 所示。按"确定"按钮，退出参数设置。

（4）按系统提示拾取加工对象和加工边界。选中整个实体表面作为加工对象可用（框选或按"W"键拾取所有），系统将拾取到的所有实体表面变红→右击，确认拾取→右击，确认毛坯的边界就是需要加工的边界。

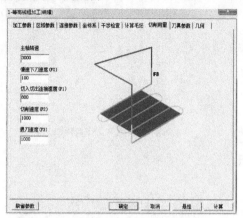 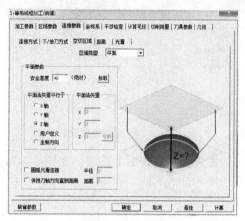

图 3-4-8 "切削用量"设置　　　　　　　　图 3-4-9 安全高度

（5）生成粗加工刀路轨迹。系统提示："正在计算轨迹请稍候"，然后系统就会自动生成粗加工轨迹，结果如图 3-4-10 所示。

（6）隐藏生成的粗加工轨迹。拾取轨迹→右击→在弹出菜单中选择"隐藏"命令，隐藏生成的粗加工轨迹，以便于下一步操作。

图 3-4-10 粗加工刀路轨迹

5. 等高线精加工刀具轨迹

（1）设置扫描线精加工参数。单击"加工"→"常用加工"→"等高线精加工"，在弹出的"等高线精加工（编辑）"对话框中选择"加工参数"选项。并设置精加工参数，如图 3-4-11 所示→在"刀具参数"选项框中设置精加工"铣刀参数"，如图 3-4-12 所示。

（2）在"切削用量"选项框中设置精加工参数，如图 3-4-13 所示。

（3）确认"下刀方式"、"加工边界"为系统默认值，单击"确定"按钮，完成并退出精加工参数设置。

（4）按系统提示拾取加工对象和加工边界。选中整个实体表面作为加工对象（可用框选或按"W"键拾取所有），系统将拾取到的所有实体表面变红→右击，确认拾取→右击，确认毛坯的边界就是需要加工的边界。

图 3-4-11 精加工参数设置

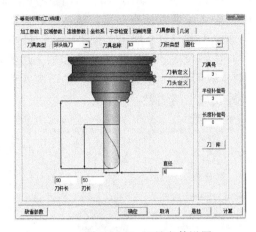

图 3-4-12 刀具参数设置

（5）生成等高线精加工轨迹。如图 3-4-14 所示。

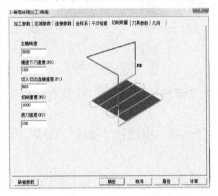

图 3-4-13 切削用量参数设置

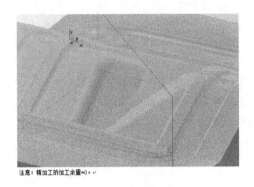

图 3-4-14 精加工轨迹

6．加工仿真

（1）加工轨迹生成后进行仿真有三个用处：一是可以看到加工的真实过程；二是可以检查轨迹有无过切；三是可以告诉机床的操作者，需要加工工件的部位，刀具进行加工的轨迹，很直观，比口头解释要清楚。

（2）单击菜单栏的"加工"→"实体仿真"→选择屏幕左侧的"轨迹管理"结构树，拾取"等高线粗加工"和"等高线精加工"→右击，确认→系统自动启动 CAXA 实体仿真系统→单击"运行"图标，弹出仿真加工对话框，→调整下拉菜单中的值为10，按按钮来运行仿真，结果如图 3-4-15 所示。

（3）在仿真过程中，可以按住鼠标中键来拖动旋转被仿真件，也可以滚动鼠标中键来缩放被仿真件。

（4）调整分析下拉菜单中的选项，可以帮助检查干涉情况，如有干涉系统会自动报警。

（5）仿真完成后，通过左下角图标中的"报告"，得到刀具碰撞与过切的信息。

（6）仿真检验无误后，可按图标，退出仿真系统，并保存粗/精加工轨迹。

7．生成 G 代码

（1）在轨迹管理结构树中，在图标左击鼠标，选中"粗/精加工轨迹"后

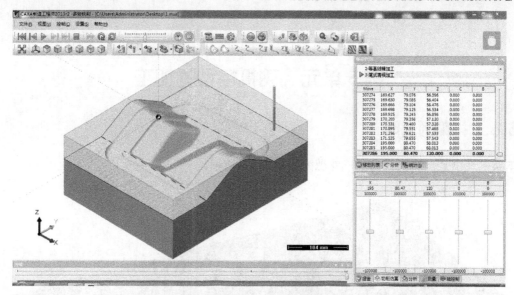

图 3-4-15 仿真加工系统

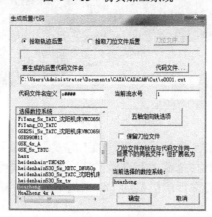

图 3-4-16 生成后置代码

右击鼠标，在下拉菜单中选中"后置处理"→"生成后置代码"→在选择控制系统选项中选"huazhong"，（以华中数控为例选择一种数控系统）→按"确定"→在任意空白处右击鼠标→弹出如图 3-4-16 与 3-4-17 界面，待界面完成 100% 后得到加工轨迹代码，如图 3-4-18 所示。

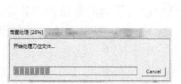

图 3-4-17 后置处理

图 3-4-18 G 代码

第 5 单元　飞机模型的加工

3.5.1　实例说明

本实例造型是一个飞机模型，外观图如图 3-5-1 所示。

图 3-5-1　飞机模型

加工思路：选择扫描线精加工和笔式清根补加工方式。因为飞机模型的整体形状是不规则陡峭曲面，所以在整体加工时选择扫描线或等高粗加工，精加工采用扫描线加工；另外，飞机模型曲面角落比较多，须要使用小刀进行清根补加工，采用笔式清根补加工方式。

3.5.2　要点提示

首先确定加工此零件所需要的刀具，然后设定毛坯的大小并选择后置。加工时首先利用扫扫描线粗加工方式加工毛坯大余量，由于飞机模型有相对陡峭曲面，故可采用 45°扫描线精加工，最后采用一把小刀对模型根部进行清根处理。

3.5.3　操作步骤

1. 设定加工刀具

（1）选择屏幕左侧的"轨迹管理"结构树→双击结构树中的"刀具库"→弹出"刀具定义"对话框，如图 3-5-2 所示→在"刀具类型"选项框中选择"球头铣刀"选项，并在"刀具名称"对话框中输入铣刀名称。

（2）设定增加的铣刀的参数。在"刀具定义"对话框中键入正确的数值，刀具定义即可完成。其中的刀刃长度和刃杆长度与仿真有关而与实际加工无关，在实际加工中要正确选择吃刀量和吃刀深度，以免刀具损坏。

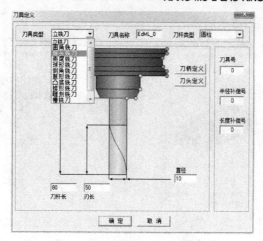

图 3-5-2 刀具定义对话框

2. 定义毛坯

（1）选择屏幕左侧的"加工管理"结构树→双击结构树中的"毛坯"，在弹出的"毛坯定义"对话框中"类型"选择为矩形，并输入"基准点"及"长宽高"等数据如图 3-5-3 所示。

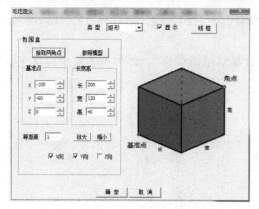

图 3-5-3 "定义毛坯"对话框

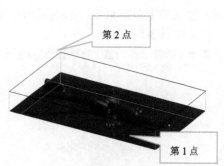

图 3-5-4 拾取两点

（2）选择"两点方式"复选框→单击"拾取两点"按钮→系统提示拾取第 1 点和拾取第 2 点，选择飞机模型线框的两个对角点，如图 3-5-4 所示→ 拾取完毕后单击"确定"，现有模型自动生成毛坯，如图 3-5-5 所示。

图 3-5-5 生成毛坯

3. 等高线粗加工道具轨迹

（1）设置粗加工参数。单击"加工"→"常用加工"→"等高线粗加工"命令，在弹出对话框中选择"加工参数"选项，在列表中设置加工参数，如图 3-5-6 所示，选择"刀具参数"设置粗加工选项,在对话框中如图 3-5-7 所示。

图 3-5-6 "加工参数"设置

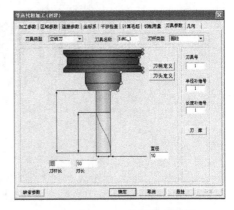

图 3-5-7 "刀具参数"设置

(2)选择"切削用量"选项在对话框中设置粗加工参数。如图 3-5-8 所示。

(3)确认"起始点"、"下刀方式"、"切入切出"为系统默认值。单击"确定"按钮,退出参数设置。

(4)按系统提示拾取加工对象和加工边界,选中整个实体表面作为加工对象可以(框选或按"W"键拾取所有)系统将拾取到的所有实体表面变红→右击,确认拾取→右击,确认毛坯的边界就是需要加工的边界。

(5)生成加工刀路轨迹。系统提示:"正在计算轨迹请稍候",然后系统就会自动生成粗加工轨迹。结果如图 3-5-9 所示。

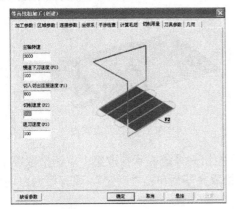

图 3-5-8 切削用量

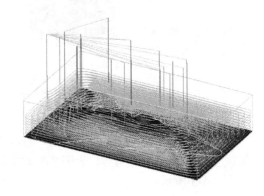

图 3-5-9 粗加工刀路轨迹

4.扫描线精加工刀具轨迹

(1)设置精加工的扫描线精加工参数。选择"加工"→"常用加工"→"扫描线精加工"命令,在弹出的"扫描线精加工"对话框中选择"加工参数"选项,在参数表中设置,加工数据,如图 3-5-10 所示,注意加工余量为"0"。

(2)选择"刀具参数"选项,在对话框中设置精加工参数。如图 3-5-11 所示。

(3)确认"起始点"、"下刀方式"、"切入切出"为系统默认值。"切削用量"参数设置如图 3-5-12 所示,单击"确定"按钮,退出参数设置。

(4)按系统提示拾取加工对象和加工边界。选中整个实体表面作为加工对象(可以框选或按"W"键拾取所有)系统将拾取到的所有实体表面变红→右击,确认拾取→右击,确认毛坯的边界就是需要加工的边界。

图 3-5-10　"加工参数"设置

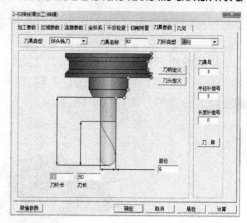

图 3-5-11　"刀具参数"设置

（5）生成加工刀路轨迹。系统提示："正在计算轨迹请稍候"，然后系统就会自动生成粗加工轨迹。结果如图 3-5-13 所示。

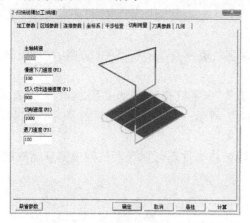

图 3-5-12　"切削用量"设置

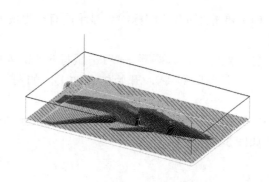

图 3-5-13　刀路轨迹

4. 笔式清根加工刀具轨迹

（1）设置补加工的笔式清根加工参数。选择"加工"→"常用加工"→"笔式清根加工"命令，在弹出的"笔式清根加工"对话框选择"加工参数"选项，并在参数表中设置加工数据，如图 3-5-14 所示。

图 3-5-14　"加工参数"设置

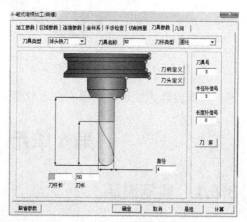

图 3-5-15　"刀具参数"设置

（2）"刀具参数"及"切入切出"、"下刀方式"、"加工边界"的设置与粗加工的相同，如图3-5-15所示。

（3）按系统提示拾取加工对象和加工边界。选中整个实体表面作为加工对象（可以框选或按"W"键拾取所有）系统将拾取到的所有实体表面变红→右击，确认拾取→右击，确认毛坯的边界就是需要加工的边界，如图3-5-16所示。

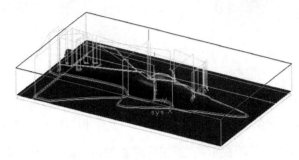

图 3-5-16　笔式清根加工轨迹

7. 轨迹仿真

（1）单击"可见"图标，显示所有已生成的加工轨迹→拾取所有已生成的粗/精加工轨迹→右击。

（2）单击 → 右击鼠标选"轨迹仿真"→系统自动启动 CAXA 加工仿真系统，单击"运行"图标，开始仿真加工，如图 3-5-17 所示→调整 菜单，可以调整速度。

（3）仿真过程中，可以按住鼠标中键来拖动旋转被仿真件，可以滚动鼠标中键来缩放被仿真件，如图 3-5-18 所示。

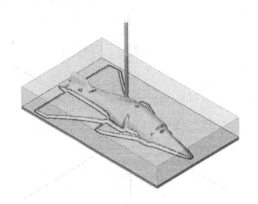

图 3-5-17　飞机模型加工仿真

图 3-5-18　飞机模型加工对比分析

（4）仿真检验无误后，可保存加工轨迹，生成 G 代码。

第 6 单元　倒圆角的加工

3.6.1　实例说明

本实例加工零件的外形图及三维视图如图 3-6-1 所示。

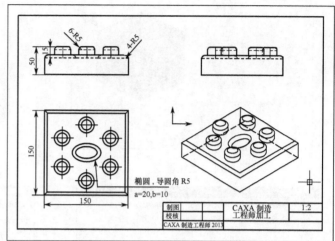

图 3-6-1　加工零件外形及三维视图

加工思路：平面区域粗加工+平面轮廓精加工+倒圆角加工。

所有的圆角过渡方式在"CAXA 制造工程师 2013"中均可以使用倒圆角加工，在加工之前需要使用平面区域粗加工开粗。

3.6.2　要点提示

首先确定加工此零件所需要的刀具，然后设定毛坯的大小并选择后置。加工时首先利用平面区域粗加工方式加工毛坯大余量，然后用轮廓线精加工精修，最后倒角。由于相似轨迹比较多，故可先做出一个，最后将刀具轨迹阵列。

3.6.3　操作步骤

1. 创建毛坯

双击轨迹管理结构树里面的图标 ![毛坯]，弹出"毛坯定义"对话框，选择"矩形"毛坯→勾选"显示"，选择"参照模型"，输入相应的数据，如图 3-6-2 所示。→单击"确定"按钮，可完成毛坯的创建。

2. 生成轮廓线与岛屿曲线

选择"造型"→"曲线生成"→"相关线"命令，分别拾取出轮廓曲线与岛屿曲线，如图 3-6-3 所示。

3. 平面区域粗加工

（1）依次选择菜单栏"加工"→"常用加工"→"平面区域粗加工"命令，系统弹出"平面区域粗加工"对话框，单击"加工参数"选项并设置加工参数，如图 3-6-4 所示→单击"清根参数"选项并设置为"清根"，清根进退刀方式为圆弧，半径均为"2"，接近返回方式用半径圆弧为"2"的圆弧→单击"下刀方式"选项并设置相关参数，如图 3-6-5 所示。

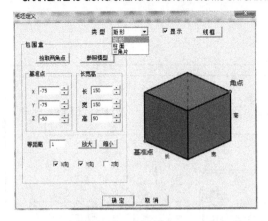

图 3-6-2 毛坯设定

图 3-6-3 轮廓与岛屿曲线

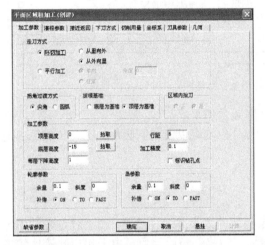

图 3-6-4 平面区域粗加工参数设置

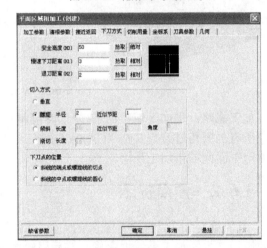

图 3-6-5 下刀方式设置

（2）设置刀具。在"刀具参数"对话框里选择"刀具类型"选项为"立铣刀"，刀具直径为"10"，其他相关参数如图 3-6-6 所示。→"平面区域粗加工"对话框中单击"刀具参数选项，" 单击"确定"按钮，完成参数设置。

（3）按照系统左下角提示，依次拾取"轮廓曲线"→选择"加工方向"→拾取"岛屿曲线"，岛屿曲线拾取完毕后右击鼠标，即可生成粗加工刀具轨迹，如图 3-6-7 所示。

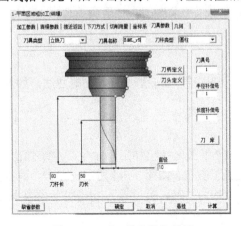

图 3-6-6 "刀具参数"设置

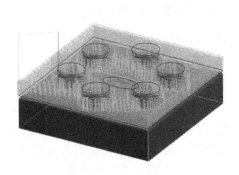

图 3-6-7 刀具轨迹

4．平面轮廓精加工

（1）依次选择菜单栏"加工"→"常用加工"→"平面轮廓精加工"命令，系统弹出"平面轮廓精加工"对话框，选择"加工参数"，设置参数如图 3-6-8 所示，选择"下刀方式"设置参数如图 3-6-9 所示。

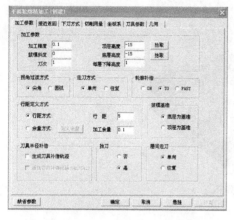 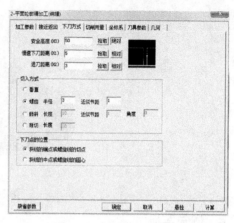

图 3-6-8　平面轮廓精加工参数设置　　　　图 3-6-9　"下刀方式"参数设置

（2）在"坐标系"菜单中勾上起始点并输入相关数据，如图 3-6-10 所示。
（3）在"刀具参数"对话框中设置参数，选择"立铣刀"，直径为"10"，单击"确定"按钮。
（4）按照系统提示，选择轮廓曲线，接着选择加工方向（顺铣），如图 3-6-11 所示，然后再选择加工侧（加工凸台外轮廓），如图 3-6-12 所示。

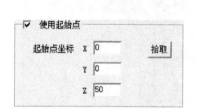  

图 3-6-10　起始点数据输入　　　图 3-6-11　加工方向（1）　　　图 3-6-12　加工方向（2）

（5）确定即可生成精加工轨迹，如图 3-6-13 所示。

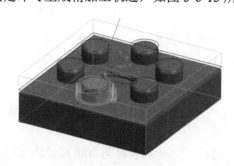 

图 3-6-13　轮廓精加工　　　　　图 3-6-14　输入阵列数据

（6）由于 6 个凸台形状相似，故不需重复生成轨迹，直接可以将加工轨迹进行阵列。在菜单栏依次选择"造型"→"几何变换"→"阵列"命令，即可得到阵列对话框，按图 3-6-14 所示填入参数后确定。

（7）系统切换到"F5"平面按，按照系统提示，选择元素为图 3-6-13 中的加工轨迹，右击鼠标，选择中心点，即可得到如图 3-6-15 轨迹。

（8）将轨迹隐藏，以便下一步操作。

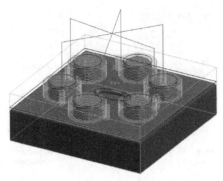

图 3-6-15　阵列轨迹

5．倒圆角加工

（1）依次选择菜单栏"加工"→"宏加工"→"倒圆角加工"命令，系统弹出"倒圆角加工"对话框，如图 3-6-16 所示。

（2）按照图 3-6-17 所示，在"刀具参数"对话框中设置刀具参数→单击"确定"按钮，完成参数设置。

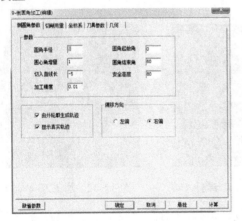

图 3-6-16　"倒圆角加工"对话框

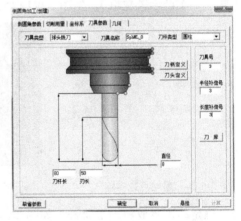

图 3-6-17　"刀具参数"设置

（3）按照系统提示，选择"轮廓曲线"即可生成刀具轨迹，如图 3-6-18 所示。

（4）阵列刀具轨迹（与前面的步骤（6）相同），得到如图 3-6-19 所示的倒圆角加工轨迹。

6．轨迹仿真

（1）单击"可见"图标，显示所有已生成的加工轨迹→单击图标 刀具轨迹：共 14 条 拾取所有已生成的粗/精加工轨迹→右击。

（2）单击 →右击鼠标选"轨迹仿真"→系统自动启动 CAXA 加工仿真系统，单击"运行"图标，开始仿真加工。

（3）仿真过程中，调整 菜单，可以选择仿真速度。按住鼠标中键来拖动旋转被仿真件，也可以滚动鼠标中键来缩放被仿真件。

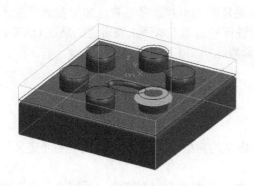 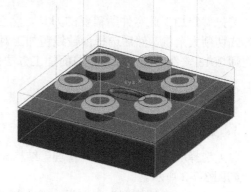

图 3-6-18　倒圆角加工轨迹　　　　　　图 3-6-19　倒圆角加工轨迹

7. 生成 G 代码（宏程序）

选择轨迹管理结构树，按住"CTRL"可以选中所有"倒圆角加工"轨迹，在轨迹上右击鼠标，选择"后置处理"→生成 G 代码（选择相应的后置系统可以生成宏语言程序）。

第 7 单元　吊钩的加工

3.7.1　实例说明

本例加工的吊钩造型完成的效果如图 3-7-1 所示。据本例的形状特点，吊钩基本全是由曲面组成的，所以粗加工采用等高粗加工方式，然后采用参数线加工方式对吊钩曲面进行精加工。

加工思路：平面区域+参数线精加工方式。

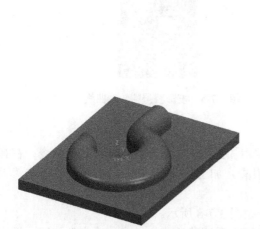

图 3-7-1　吊钩模型及尺寸

3.7.2 要点提示

首先确定加工此零件所需要的刀具,然后设定毛坯的大小并选择后置,加工首选平面区域加工方式切削大余量,然后选择参数线精加工对曲面进行精加工。本例主要讲述的是在CAXA制造工程师2013软件中的一种典型曲面加工方法——参数线精加工的操作方法。

3.7.3 操作步骤

1. 定义毛坯

(1)选择屏幕左侧的"轨迹管理"结构树→双击结构树中的"毛坯",弹出"毛坯定义"对话框,如图3-7-2所示。

(2)选择"参照模型"复选框,输入相关的数据,单击"确定"按钮,系统按现有模型自动生成毛坯,如图3-7-3所示。

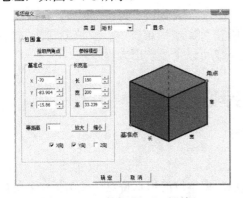 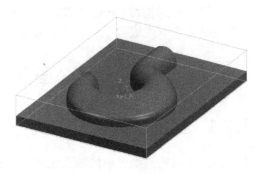

图3-7-2 "定义毛坯"对话框　　　　图3-7-3 生成毛坯

2. 生成轮廓线与岛屿曲线

单击"相关线"命令 →选择"实体边界"方式(如图3-7-4所示)→分别拾取出轮廓曲线与岛屿曲线,如图3-7-5所示。

图3-7-4 "实体边界"投影菜单　　　图3-7-5 投影获得的轮廓曲线

3. 平面区域具轨迹

(1)设置"粗加工参数"。单击"加工"→"常用加工"→"平面区域粗加工"命令,在弹出的"平面区域粗加工"中单击"加工参数"选项设置,加工数据,如图3-7-6所示。单击"刀具参数"选项设置刀具数据,如图3-3-7所示。

(2)单击"切削用量"选项设置粗加工参数。如图3-7-8所示。

(3)确认"起始点"、"下刀方式"、"切入切出"为系统默认值。单击"确定"按钮,退出参数设置。

 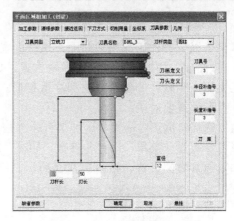

图 3-7-6 "加工参数"设置　　　　图 3-7-7 "刀具参数"设置

（4）按系统提示拾取加工边界，与岛屿轮廓。

（5）生成粗加工刀路轨迹。系统提示："正在计算轨迹请稍候"，然后系统就会自动生成粗加工轨迹。结果如图 3-7-9 所示。

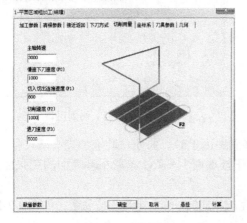 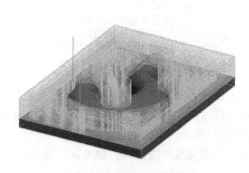

图 3-7-8 切削用量　　　　图 3-7-9 粗加工刀路轨迹

（6）隐藏生成的粗加工轨迹：拾取轨迹→右击→在弹出菜单中选择"隐藏"命令，隐藏生成的粗加工轨迹，以便于下一步操作。

4. 吊环曲面的生成

（1）单击"实体表面"图标 □ →选择"拾取表面"方式→分别拾取吊环表面的 9 张曲面，如图 3-7-10 所示。

图 3-7-10 吊环表面

5. 参数线精加工刀具轨迹

本例可以直接加工原始的曲面，这样会显得更简单一点；也可以直接加工实体。本例吊钩表面为 6 张曲面，精加工可以采用多种方式，如参数线、等高线+等高线补加工等。下面仅以参数线加工为例介绍软件的使用方法和注意事项。曲面的参数线加工要求曲面有相同的走向、公共的边界，点取位置要对应。

（1）选择"加工"→"常用加工"→"扫描线精加工"命令，弹出"扫描线精加工"对话框，在选择各参数设置菜单，设置各参数，如在"加工参数"菜单中的设置如图 3-7-11 所示，"刀具参数"和其他参数的设置，如图 3-7-12 所示，完成后单击"确定"按钮。

图 3-7-11　加工参数　　　　　　　　图 3-7-12　切削用量

（2）根据状态栏提示拾取曲面，当把鼠标移到曲面上时，曲面自动被加亮显示，依次拾取吊钩的 6 曲面（如图 3-7-13 所示）→右击"请拾取干涉曲面"→依次拾取吊环表面的三张曲面提示，如图 3-7-14 所示。

（3）拾取完成后按鼠标右键确认，根据提示完成相应的工作，最后生成轨迹，如图 3-7-15 所示。

 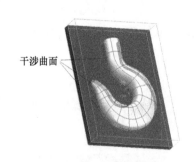 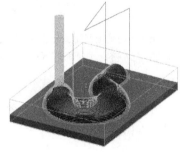

图 3-7-13　加工曲面选择　　　　图 3-7-14　干涉曲面选择　　　图 3-7-15　精加工轨迹

6. 轨迹仿真

（1）单击"可见"图标，显示所有已生成的加工轨迹→单击图标 刀具轨迹：共 14 条，拾取所有已生成的粗/精加工轨迹→右击→实体仿真→进入 CAXA 实体仿真系统，单击"运行"图标，开始仿真加工，调整菜单，可以调整仿真速度。

（2）仿真过程中，可以按住鼠标中键来拖动旋转被仿真件，也可以滚动鼠标中键来缩放被仿真件，如图 3-7-16 所示。

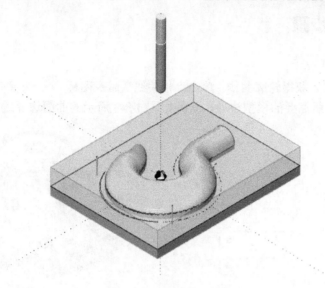

图 3-7-16　吊钩加工仿真

（6）仿真检验无误后，可保存粗/精加工轨迹。

第 8 单元　叶轮的加工——多轴加工

3.8.1　实例说明

整体叶轮作为透平（Turbine）机械的关键部件，广泛地用于航空、航天等领域，其质量直接影响其空气动力性能和机械效率。因此它的加工技术一直是透平制造行业中的一个重要课题。在 CAXA 制造工程师 2013 中，包含有为叶轮的加工而开发的"叶轮粗加工"和"叶轮精加工"两个加工模块。本节主要介绍这两个方式。

3.8.2　要点提示

叶轮造型如图 3-8-1 所示，我们采用"叶轮粗加工"和"叶轮精加工"的方式来完成加工。

图 3-8-1　叶轮造型结构

3.8.3 操作步骤

1. 加工前的准备工作

(1) 投影模型边界，获得轮廓曲线。单击"相关线"命令图标 →选择"曲面边界线"方式，如图 3-8-2 所示→选择所需要的模型边界，获得如图 3-8-3 所示的曲面边界线

图 3-8-2 曲面边界线投影菜单　　　　　图 3-8-3 获得的曲面边界线

2. 新建毛坯

双击"轨迹管理"结构树→"毛坯"选项。"毛坯定义"界面的"类型"选择"柱面"，拾取叶轮底面轮廓，设置高度为 65，如图 3-8-4 所示，单击"确定"按钮后得到如图 3-8-5 所示的柱面毛坯。

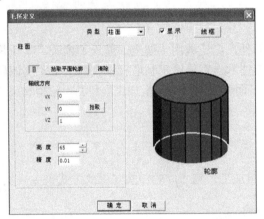

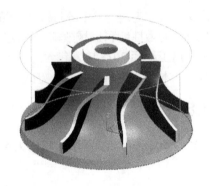

图 3-8-4 "毛坯定义"界面　　　　　图 3-8-5 柱面毛坯

3. 叶轮粗加工

(1) 依次选择"加工"→"多轴加工"→"叶轮粗加工"命令系统弹出"叶轮粗加工"对话框，按钮图 3-8-6 所示设置相关参数，"刀具参数"选择直径为 10 的球头铣刀，如图 3-8-7 所示。

(2) 单击"确定"按钮，按照系统提示选择"叶轮底面"→选择"叶槽左叶面"，→选择"叶槽右叶面"，待系统交互界面中进度条完成到 100%后，得到如图 3-8-8 所示的加工轨迹。

(3) 镜像加工轨迹。依次选择"造型"→"几何变换"→"阵列"，阵列份数输入"8"，如图 3-8-9 所示，然后选择元素（加工轨迹）→右击→拾取中心点，可以得到叶轮粗加工轨迹如图 3-8-10 所示。

图 3-8-6　叶轮粗加工参数

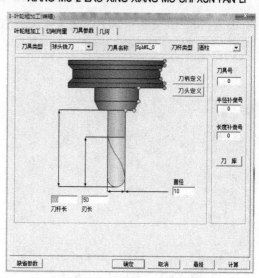
图 3-8-7　"刀具参数"设置

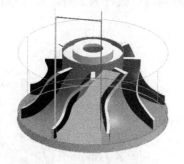
图 3-8-8　叶轮粗加工轨迹

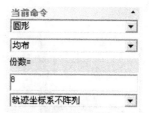
图 3-8-9　输入阵列数据

4．叶轮精加工

（1）依次选择"加工"→"多轴加工"→"叶轮精加工"，系统弹出"叶轮精加工"对话框，按照如图 3-8-11 所示设置加工参数，"刀具参数"设置为直径 10 的球头铣刀，如图 3-8-12 所示。

图 3-8-10　叶轮粗加工阵列轨迹

（2）单击"确定"按钮，按照系统提示选择"叶轮底面"→选择"叶槽左叶面"→选择"叶槽右叶面",待系统交互界面中进度条完成到100%后,得到如图3-8-13所示加工轨迹。

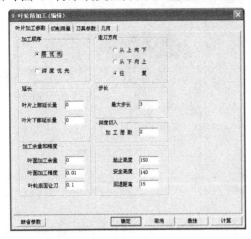

图3-8-11 叶轮精加工参数

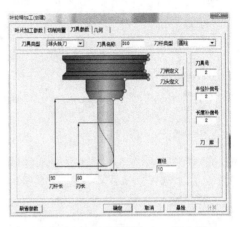

图3-8-12 叶轮精加工刀具参数

(3)与叶轮粗加工轨迹相同,将刀具轨迹圆形阵列的份数设为8份,即可得到如图3-8-14所示叶轮精加工轨迹。

图3-8-13 叶轮精加工轨迹

图3-8-14 叶轮精加工阵列轨迹

第9单元 后置设置与G代码生成

3.9.1 机床后置设置与G代码生成

(1)在菜单栏中依次选择"加工"→"后置处理"→"后置设置",系统弹出"选择后置配置文件"对话框,在"CAXA制造工程师2013"中已经包含了各种系统的后置文件。选择"后置文件",→"编辑"可对后置参数进行修改。

(2)选中加工轨迹后,在菜单栏中依次选择"加工"→"后置处理"→"生成G代码"即可生成该段的G代码。

3.9.2 生成加工工艺单

生成加工工艺单的目的有三：一是车间加工的需要，当加工程序较多时可以使加工有条理，不会产生混乱；二是方便编程者和机床操作者的交流，以加工工艺为依据；三是车间生产和技术管理上的需要，加工完的工件的图形档案、G 代码程序可以与加工工艺单一起保存，以便今后需要再加工此工件时，可以立即取出存档进行加工，不仅可以节约时间，且提高工作效率。

（1）单击"加工"→"工艺清单"命令，弹出"工艺清单"对话框，如图 3-9-4 所示，输入零件名等相关的信息后，按"拾取轨迹"按钮，选中粗加工和精加工轨迹，右击"确认"→单击"生成清单"按钮，生成的工艺清单如图 3-9-5 所示。

图 3-9-4 "工艺清单"对话框　　图 3-9-5 生成的"工艺清单"

（2）选择"工艺清单输出结果"中的各项，可以查看到毛坯、加工方法、刀具、刀具路径及总加工时间等信息。如图 3-9-6 所示为"工艺清单"中的刀具信息。

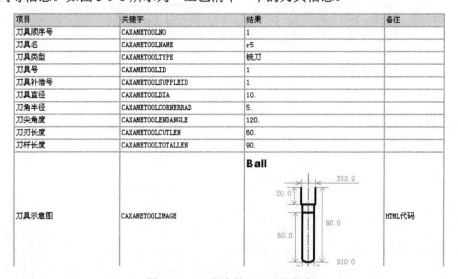

图 3-9-6 工艺清单——刀具信息

（3）加工工艺单可以用 IE 浏览器来看，也可以用 Word 来查看，并且可以用 Word 来进行修改和添加。

零件的**加工轨迹**、G 代码、工艺清单的生成工作全部做完后，可以把加工工艺单和 G 代码程序通过工厂的局域网送到车间去。车间在加工之前还可以通过"CAXA 制造工程师 2013"中的校核 G 代码功能，再检验一下加工代码的轨迹形状，确保加工轨迹的正确性。把工件打表找正，按加工工艺单的要求找好工件零点，再按工序单中的要求装好刀具找好刀具的 Z 轴零点，即可开始加工。

练习题：

1. 已知加工造型的三维视图如练习题 3.1 所示。底面（基准面）已经精加工，请生成零件的加工造型，参考生成零件的造型，完成其粗、精加工轨迹。

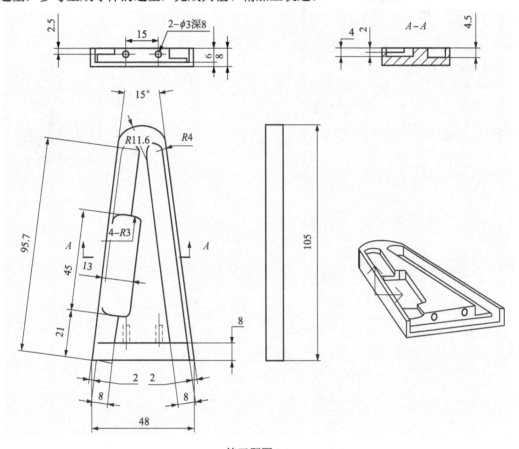

练习题图 3.1

2. 如练习题图 3.2 所示，已知毛坯尺寸为 165×125×30，请生成零件的加工造型，参考生成零件的造型完成其粗、精加工轨迹。

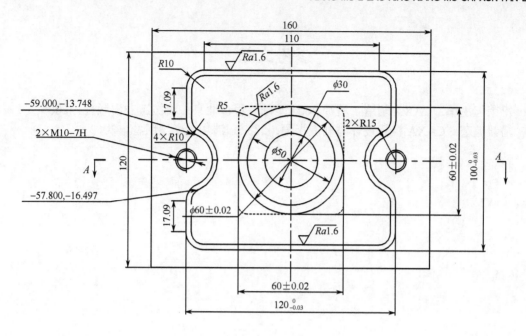

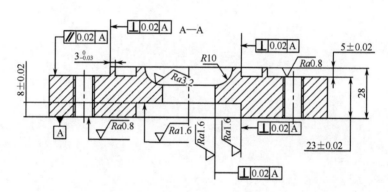

练习题图 3.2

技术要求：
（1）未注公差尺寸按 GB1804—M
（2）毛坯尺寸：120×160×30
（3）材料：45#，正火处理

参考文献

1 冯荣坦主编. CAXA 制造工程师 2004 基础教程. 北京：机械工业出版社，2005.
2 潘毅编著. CAXA 模具设计与制造指导. 北京：清华大学出版社，2003.